你的性格色彩,
最好与这个世界合拍

高轶飞 ◎ 编著

中国华侨出版社

图书在版编目（CIP）数据

你的性格色彩，最好与这个世界合拍/高轶飞编著．—北京：中国华侨出版社，2015.9

ISBN 978-7-5113-5660-4

Ⅰ．①你… Ⅱ．①高… Ⅲ．①成功心理－通俗读物 Ⅳ．①B848.4-49

中国版本图书馆CIP数据核字（2015）第221494号

● 你的性格色彩，最好与这个世界合拍

编　　著/高轶飞
责任编辑/文　筝
封面设计/纸衣裳书装·孙希前
经　　销/新华书店
开　　本/710毫米×1000毫米　1/16　印张/16　字数/200千字
印　　刷/北京一鑫印务有限责任公司
版　　次/2016年2月第1版　2019年8月第2次印刷
书　　号/ISBN 978-7-5113-5660-4
定　　价/32.00元

中国华侨出版社　北京朝阳区静安里26号通成达厦3层　邮编100028
法律顾问：陈鹰律师事务所
编辑部：（010）64443056　64443979
发行部：（010）64443051　传真：64439708
网　　址：www.oveaschin.com
e-mail：oveaschin@sina.com

前言 PREFACE

性格是什么？简单地说，性格就是人在对待不同事物的态度和行为方式上表现出来的心理特征，如沉稳、豁达、急躁、坚韧、软弱、勇猛等。但是，性格又不是这么简单的定义，任何性格都有不同层次，文学家的沉稳与政治家的沉稳不一样，农民的豁达与军事家的豁达也不一样。因此说，性格是有文化底蕴的，不同的文化底蕴决定了不同的性格，因而其命运的归宿也不相同。

什么是命运？有人说，命运是无法把握的生死祸福，其实这只是对命运肤浅的认识，没有深入领会命运的内涵，是一种消极的想法。有些人总是强调做人做事的能力，认定能力能够改变命运。那么能力从何而来？这是应当思考的一个问题。美国著名学者马布里说："过多注重自身能力的人，对于自己人生目标的渴望是强烈而执着，甚至不遗余力的。这本身没有什么不妥当的。在我看来，任何能力的大小都不是单一的，都是源于一个人的性格资本，没有优良的性格，显然不可能得到最好的行动结果，甚至会让能力大受挫折。"

真是这样，有许多人并非因能力不够而做不成事，而是因为缺乏优质性格让本可能做成的事而没有不成，这是一种人性的弱点，也是成功的最大障碍。道理很简单，拥有不好的性格，就会做出不好的事情，就会有不好的运气，就会有不好的结果。从这个层面上说，把握了自己的性格，也就把握住了自己的命运，改变性格中的缺陷，也就改变了自己的一生。因此，请相信性格的力量：培养一个良好的性格会让你受益终身，并在很大程度上改变你的命运，决定你的人生成败。

有人可能会说，不是"江山易改，禀性难移"吗？非也，事实上，性格不完全是与生俱来的，有很大一部分是经过后天塑造而成的。艰难困苦，玉汝于成，自古雄才多磨难；生于忧患，死于安乐，是智者与愚者的不同命运。塑造性格的主动权不在命运手中，而在每个人自己的心中。

本书深刻揭露了性格与成功、命运之间的关系，重点概括了最容易使人成功的9大黄金性格及其塑造方法，案例经典、观点新颖，可读性强，实用性更强！当然，由于人的性格花园实在过于丰富，本书并不能将其全部包容进去。我们只希望读者能从中受到启发，得到帮助，调整好心态，通过重塑自己的性格，来把握自己的命运。

目录 contents

上辑 认知性格：认清性格、机遇、命运的关系

第一章 你的命运谁在掌舵

你播种一种行为，会收获一个习惯；而播种一个习惯，会收获一种性格；而当你学会播种一种性格，就会获得与之相对应的人生。善于把握机遇、掌握自己命运的人一定是具有优良性格的人。因此可以说，你的命运其实是由性格在掌舵。

性格不同，命运亦不相同 / 004
健全的个性是成功的基石 / 012
成功型性格的 13 个特征 / 014
常见的、不善于把握机遇的几种性格 / 018
性格的四大分类及其优缺点 / 025

第二章　最容易使人成功的9种黄金性格

伟大的人物、成功的人物，都是性格非常有特色的，都是性格比较全面的，或者说，在性格上，具有常人不具备的一些优势。能够发挥自己的性格优势，找准适合自己做的事情，这既是一条事半功倍的成功之路，也是一条通向成功的人间正道。

黄金性格之一：充满自信 / 032

黄金性格之二：独立自主 / 034

黄金性格之三：果敢无畏 / 037

黄金性格之四：乐观豁达 / 039

黄金性格之五：积极进取 / 041

黄金性格之六：坚强坚韧 / 043

黄金性格之七：宽容大度 / 047

黄金性格之八：诚实守信 / 049

黄金性格之九：成熟稳重 / 050

第三章　最容易致人失败的8种负面性格

一只木桶能装多少水，完全取决于它最短的那块木板，这就是"木桶效应"。一个人其人生的圆满程度，完全取决于他性格中最弱的环节，这就是性格的"木桶效应"。性格与成败的关系很直观：拥有不好的性格，就会做出不好的事情，就会有不好的结果。

负面性格之一：任性 / 056

负面性格之二：自负 / 058

负面性格之三：犹豫 / 060

负面性格之四：悲观 / 062

负面性格之五：贪婪 / 064

负面性格之六：萎靡 / 066

负面性格之七：狭隘 / 068

负面性格之八：奢华 / 071

第四章　性格与财富之间的关系

财富，在当今社会上是一个炙手可热的话题，我们每个人都想拥有财富。性格能导致贫穷也能吸引财富。性格决定了命运，命运决定了财富，财富造就了人生。

敢为型性格与财富 / 076

思考型性格与财富 / 078

社交型性格与财富 / 081

务实型性格与财富 / 084

创造型性格与财富 / 088

合作型性格与财富 / 092

幽默型性格与财富 / 095

智慧型性格与财富 / 098

下　辑　塑造性格：让良好的性格为成功人生添砖加瓦

第一章　建立自信：先相信自己，然后别人才会相信你

人们与成功往往只有一步之遥，但就因为缺乏自信，与其擦肩而过。要做个成功的人，必须要有自信。你只有相信自己，别人才会相信你。你只有相信自己能够成功，你才能够真的成功。

自信的性格是成功的第一秘诀 / 104
信心是战胜困难的法宝 / 107
谨记：天生我材必有用 / 108
相信自己：你并不比别人卑微 / 111
真心喜欢你自己 / 115
了解自卑，解除自卑 / 119

第二章　完成独立：做自己就是最高的信仰

尽管在世上没有与我们相同的人，但我们还是习惯与别人相比较。把自己与别人比较是毫无意义的，因为你根本不知道别人在生活中的目标与动力，以及别人独一无二的能力。我们对自己的认知、对自己的定位以及我们将要实现的目标，决定着我们在这个世界上的独特的位置。

你是独一无二的 / 126
发现真实的自己 / 127
展现独特的自我 / 129
依赖是对人生的一种束缚 / 131
生命的负重还要自己托起 / 134
靠自己才能天长地久 / 136

第三章　增加勇气：天下绝无不热烈勇敢地追求成功，而能成功的人

具有勇敢性格的人是天生的将军和统帅。他们生性顽强，不愿屈服，敢说敢为，乐于冒险。这类性格的人总会将自己的个性发挥得淋漓尽致，他们在勇敢顽强的共性之下，创造着精彩人生。

恐惧与犹豫会让机会拂袖而去 / 140
机会更青睐果断无畏的人 / 142
培养挑战未来的勇气和能力 / 144
生活是值得冒险的 / 148
果断行动，把握人生的契机 / 150
任何难题都不要逃避 / 153

第四章　保持乐观：阳光心态才是福气的来源

在这个充满竞争和压力的社会，越来越多的人渴求成功，有些人付出了很多努力，却离成功越来越远；有些人每

天都在加班，但是工作仍然毫无起色；有些人攀上了事业的高峰，但是压力却越来越大，快乐越来越少……问题出在哪里？可能就是因为没有一个乐观的性格和阳光的心态。塑造阳光的性格，才能驱散心中的阴霾，拥有人生的万里晴空。

克服悲观自怜的情绪 / 158
靠努力而不是靠运气抓住机会 / 160
笑对世间起伏事 / 162
得失不必挂心上，乐观豁达就逍遥 / 165
告别抑郁，拥抱快乐 / 168

第五章　坚持进取：进取心是成功的助推器

　　进取心是成功者的助推器，之所以这样说，是因为当一个人具有不断进取的决心时，这种决心就会化作一股无穷的力量，这种力量是任何困难和挫折都阻挡不了的。凭着这股力量，会使人不达目的绝不罢休。

进取性格对于成功人生具有重要意义 / 174
爱拼才会赢 / 177
任何艰难都会为进取者让路 / 181
不要让消极吞噬进取心 / 184

第六章　锻造坚韧：命运面前做个不屈服者

　　坚韧性格对于一个人的成长至关重要。因为每个人的成长过程都不可能一帆风顺，因为人不是生活在真空中，每个人都不可避免地要承受各种不可预测的挑战或苦难。而坚韧性格可以帮助我们去战胜人生中的那些纷纷扰扰。

痛苦的时候,才是成长的时候 / 188
急火难做美食,成功需要磨砺 / 190
人生中的失败者,往往是不能坚持到底的人 / 192
练恒心,这是接近成功的最佳途径 / 195
培养"咬定青山不放松"的气魄 / 201

第七章　学会宽容：智慧的艺术就是懂得该宽容什么

宽容就是以宽阔的胸怀和包容的性格去面对人和事。"事在人为,休言万般皆是命;境由心造,退后一步自然宽"。拥有宽容的性格不仅能够与人和谐相处,还能够吸纳他人长处,充实自我,以实现个人价值。

豁达是一种超然洒脱的性格 / 206
大度让人生没有敌人 / 208
小肚鸡肠者难成大器 / 211
摒弃性格中的狭隘与偏见 / 213

第八章　恪守诚信：诚信是人生的命脉,是一切价值的根基

你可以没有文凭或背景,但是你不能没有"诚信",因为没有前者可能失去一次机会,而没有后者将失去周围一切机会。在物质上丰富的今天,我们如果受功、名、利的诱惑,一时鼠目寸光丢失"诚信",就将输掉机会和未

来。决定成功的因素固然多，但诚信绝对是其中非常重要的一点。

诚实不欺，能够促进你事业的成功 / 218
没有信誉的人，在这个世界上举步维艰 / 219
如果要取信于人，必须做到恪守承诺 / 222

第九章　走向成熟：没有理智的人决不会有理性的生活

有些人在遇到事情时不加考虑，匆忙决定后又后悔不已，有时甚至造成不可挽回的局面。可是这世上根本没有后悔药，我们无法预知明天，所以许多事情的成败常常取决于我们是冷静理智还是草率鲁莽。有些人之所以失败，也许就败在了缺乏思考和准备。而那些头脑理智的人总是权衡利弊、谋定后动，因而更容易成功。

理智冷静是成大事的根本 / 226
急则有失，怒中无智 / 228
学会控制情绪，遇事不要冲动 / 230
在忍耐中静待时机 / 234
将浮躁转化为平静 / 237
克制坏脾气，营造好性格 / 240

上 辑
认知性格：认清性格、机遇、命运的关系

- ◆ 第一章　你的命运谁在掌舵？
- ◆ 第二章　最容易使人成功的9种黄金性格
- ◆ 第三章　最容易致人失败的9种毒药性格
- ◆ 第四章　性格与财富之间的关系

第一章
你的命运谁在掌舵

你播种一种行为，会收获一个习惯；而播种一个习惯，会收获一种性格；而当你学会播种一种性格，就会获得与之相对应的人生。善于把握机遇、掌握自己命运的人一定是具有优良性格的人。因此可以说，你的命运其实是由性格在掌舵。

性格不同，命运亦不相同

性格的不同，决定了每个人命运的千差万别，有什么样的性格就有什么样的命运，以下事例就是对这一结论的最好诠释。

1. 勇于尝试，百折不挠的林肯

你是否遇到过这样的问题："如果去尝试，后果将会怎样？"这种想法本身是与成功作对的一个敌人。成功的敌人总是让我们去想："如果我失败了，那怎么办？我去试过了，但没能成功会怎样？"它会使你放弃努力。要论遭受挫折和失败，有谁能和亚伯拉罕·林肯相比呢？以下是林肯的部分简历：

22岁，生意失败；

23岁，竞选州议员失败；

24岁，生意再次失败；

25岁，当选州议员；

29岁，竞选州议长失败；

34岁，竞选国会议员失败；

37岁，当选国会议员；

39岁，国会议员连任失败；

46岁，竞选参议员失败；

47 岁，竞选副总统失败；

49 岁，竞选参议员再次失败；

51 岁，当选美国总统。

林肯的故事一定会对你有所启发。1832 年，林肯失业了，这显然使他很伤心，但他下决心要当政治家，当州议员。糟糕的是，他竞选失败了。在一年里遭受两次打击，这对他来说无疑是痛苦的。他着手自己开办企业，可一年不到，这家企业又倒闭了。在以后的 17 年间，他不得不为偿还企业倒闭时所欠的债务而到处奔波，历尽磨难。他再一次决定参加竞选州议员，这次他成功了。他内心萌发了一丝希望，认为自己的生活有了转机："可能我可以成功了！"第二年，即 1835 年，他订婚了，但离结婚还差几个月的时候，未婚妻不幸去世。这对他精神上的打击实在太大了，他心力交瘁，数月卧床不起。1836 年，他得了神经衰弱症。1838 年，他觉得身体状况良好，于是决定竞选州议会议长，可他失败了。1843 年，他又参加竞选美国国会议员，但这次仍然没有成功。

要是你处在这种情况下会不会放弃努力？他虽然一次次地尝试，但却是一次次地遭受失败：企业倒闭、恋人去世、竞选败北。要是你碰到这一切，你会不会放弃这些对你来说是重要的事情？林肯没有放弃，他也没有说："要是失败会怎样？" 1846 年，他又一次参加竞选国会议员，最后终于当选了。两年任期很快过去了，他决定要争取连任。他认为自己作为国会议员表现是出色的，相信选民会继续选他。但结果很遗憾，他落选了。因为这次竞选他赔了一大笔钱，他申请当本州的土地官员，但州政府把他的申请退了回来，指出："做本州的土地官员要求有卓越的才能和超常的智力，你的申请未能满足这些要求。"

接连又是两次失败。在这种情况下你会坚持继续努力吗？你会不会说"我失败了"？

然而，他没有服输。1854年，他竞选参议员，但失败了；两年后他竞选美国副总统提名，结果被对手击败；又过了两年，他再一次竞选参议员，还是失败了。

在林肯大半生的奋斗和进取中，有九次失败，只有三次成功，而第三次成功就是当选为美国的第十六届总统。那屡次的失败并没有动摇他坚定的信念，而是起到了激励和鞭策的作用。

如果林肯是个安于现状、唯唯诺诺、优柔寡断、不堪一击的人，那么他根本就当不了总统，黑奴还要很久之后才能得到解放。成功的机遇其实就在眼前，只要我们具有坚强的性格敢闯敢拼、勇于尝试，我们就能把机遇握在手中。

马克思曾对他做出这样的评价："一位达到了伟大境界而仍然保持自己优良品质的罕有的人。"林肯之所以会受到马克思如此高的评价，之所以会成为美国人乃至全世界人民敬仰的偶像，不是上帝给他的指引，而是源自他的毅力和坚强的性格。

2. 勇于坚持，敢于冒险的世界船王

包玉刚，是历史上赫赫有名的"青天"大老爷、宋代龙图阁大学士包拯第二十九代孙，当今闻名于世的"世界船王"，香港环球航运集团主席。包玉刚拥有200多艘商船，总排水量为2000万吨，价值约10亿美元。他的航运集团的分支机构遍布全球各大洲，漆有"W"标记的香港环球航运集团的船队航行于全球海洋之上。从船只的数量和吨位来看，希腊的尼亚克斯、奥纳西斯或美国的路德维克等都要逊其一筹。

1918年，包玉刚生于浙江宁波，13岁小学毕业以后即离开家乡。抗日战争爆发，他没能读完大学，暂且在内地一家银行工作。抗战胜利后，他到上海某银行任副经理。后来他和家人先后迁往香港。1955年，包玉刚分析了世界经济动向后，选择了经营航运业，否定了父亲集中资金做房地产生意的想法。他认为房地产生意太死板，只收租，很受限制，而船是活的，且航运业涉及金融、贸易、保险、造船等行业，是一种国际性的活动，具有广阔的前途。但他的亲朋好友都认为航运业风险太大，劝他改变主意。但他决心已定。当他去英国借贷时，伦敦友人也劝他说："你年纪还轻，对航运一无所知，小心把你的衬衫都赔光。"他回到香港又向汇丰银行借贷，汇丰银行也不肯借，说华人不懂航运。碰了两次壁，但他并不灰心，最后向日本银行贷款成功。随后他用77万美元的价格，买了一艘已用了28年、排水量为8000吨级的破货船，改名为"金安号"，从此踏入航运界，开始了他的海上船舶租赁业务。但一开始包玉刚对这个行业十分陌生，甚至连左舷和右舷都分不清，可他并不畏惧，全力以赴，勤奋学习，很快就熟悉了业务。1956年，苏伊士运河由于战争封闭，这给了包玉刚发展的机会。他把"金安号"租给一家日本公司从印度往日本运煤。由于包玉刚有着良好的经营作风和信誉，在不到2年的时间内，他就拥有了7条货船。

包玉刚在事业上获得成功，与他坚毅、果断、平易近人、敢于冒险、勤奋上进的性格特点是密不可分的。在别人眼里，他对待朋友十分热诚，为人既不保守也不冲动，精力充沛，富于中国人的好胜心，对所欲达到的目标极有耐心。在竞争十分激烈的航运业中，他是个小心谨慎的"保守分子",兢兢业业的"海上霸王";总是能够准确把握局势,采取无误的行动;对自己要求严格,不抽烟,不喝酒。在外国人的眼里,他是一个规矩的"正人君子"和"拘谨的东方人"。他笑口常开,乐观处世,还喜欢体育锻炼。他有这么一段话:"有人遇到困难就说'哦,对不起',可我不那样。比方说游泳(他坚持每天早泳15分钟),遇到大风或下雨有的人会说'算了吧',可我却不在乎。只要我认为这件事对我有益,我就会坚持干下去。"

一个普普通通的人,靠一条旧船起家,经过无数次惊涛骇浪,渡过一个又一个难关,终于建起了自己的王国。回顾一下他成功的道路,与他那坚毅、果断、勤奋上进的良好性格是分不开的。这对我们每个人都是有益的启示。

3. 刚愎自用,固执偏激的关羽

三国时代的关羽,过五关斩六将,单刀赴会,水淹七军,是何等英雄气概。可是他致命的弱点就是刚愎自用,固执偏激。当他受刘备重托留守荆州时,孙权派人来向关羽之女为儿子求婚,关羽大怒,出口伤人,以自己的个人好恶和偏激情绪对待关系全局的大事,不计后果,导致了吴蜀联盟的破裂,最后落个败走麦城、被俘身亡的下场。假若关羽少一点偏激,不意气用事,那么,不会导致吴蜀联盟遭到破坏,荆州的归属可能是另外一种局面。

关羽不但看不起对手,也不把同僚放在眼里。名将马超来降,刘备封其为平西将军,远在荆州的关羽大为不满,特地给诸葛亮去信,责问说:"马超能比得上谁?"老将黄忠被封为后将军,关羽又当众宣称:"大丈夫终不与老兵同列!"他目空一切,气量狭小,盛气凌人,其他的人就更不在他眼里,一些受过他蔑视侮辱的将领对他既怕又恨，以致当他陷入绝境时，众叛亲离，无人救援，促使他迅速走向败亡。

偏激的人大多以绝对的、片面的眼光看问题，总是戴着有色眼镜，以偏概全，固执己见，钻牛角尖，对人家善意的规劝和平等商讨一概不听不理，导致最终的失败。

4. 疑神疑鬼的朱元璋

明朝开国皇帝明太祖朱元璋是一位猜疑心很重的人，他在建国后不久便大肆杀戮功臣，其统治时代也由此成为我国历史上较为血腥的一段时期。

国基初定之后，朱元璋生性猜忌的心理日益显露出来，他为了自己的王朝能够长治久安，借胡惟庸、蓝玉之案，大做文章，火烧庆功楼，诛杀功臣。为了皇权的巩固，他制订了《明律》，设立了特务机构，明朝成为历史上专制最严重的王朝之一。

朱元璋的猜疑心理表现在他大兴文字狱上面，当时因文字狱被杀的人不计其数。有一名叫来复的僧人为了讨好朱元璋，在谢恩寺用了"殊域及自惭，无德颂陶唐"的句子，朱元璋认为"殊"乃"朱"，是骂他之意，"无德"更是讥他没有德政。那位一心取媚的和尚不明不白地送了身家性命。

最能体现朱元璋猜疑心理的是连备受他重用的宋濂也难免遭殃。大学士宋濂告老还乡，每年都要来觐见朱元璋。有一年没有来，朱元璋就将他的儿子宋琏、宋慎杀掉，并将宋濂谪居茂州。文学家高启被荐修《明史》。成书以后，朱元璋授以户部侍郎的高位，高启坚决推辞。朱元璋认为他不肯合作，就将他腰斩于南京。当天下文人都只能以他的文章"为表式"的时候，他的心理才得到一丝平衡。

朱元璋令天下大办学校，初衷不是振兴文化，而是为了统一思想，从这个举措上，也可看出他那多疑狭隘的心态来。洪武二年，朱元璋诏令天下建立学校。他做了校训刻石于校门前，不许生员"炫奇立异"，不许生员直言。他多疑的心态使他残酷地迫害一切，尤其是对文人的迫害，形成了轻视和践踏文化教育的恶劣风气。毁书院就是这种恶劣风气的一种表现。明代曾发生过三次毁书院的事件。朱元璋就是不想让知识分子参与政治，只能在小范围的情况下为他所用。对知识分子的迫害无疑会使教育滞后，导致了科学技术的落后，我国的科技水平在明朝中叶明显落后于世界的发展水平，这是被历史证明了的客观事实。

朱元璋的多疑还体现在他谋杀开国元勋上，他称帝不久便迫不及待地大肆杀戮臣子甚至皇族。当时的京官去见皇上之前，都要和妻子儿女诀别，到下午平安地回到家，全家人才高兴起来，可见当时朝臣的恐怖达到了何等程度。他以种种名义杀戮群臣，其中包括曾经跟他南征北战、战功卓著的功臣。明朝建立后，这些功臣宿将在政治、军事上的势力也在迅速膨胀，遂与朱元璋提高皇权、专制独裁的政策发生激烈冲突。在这种情况下，平素多疑的朱元璋当然会怀疑这些人对自己地位的威胁。

同时，君权和相权发生了严重的冲突，随着中央集权专制的日益发展，君相之间的矛盾越来越尖锐。朱元璋称帝后，先后任命过4员丞相，其中以胡惟庸最为跋扈。胡惟庸曾先后铲除了异己徐达、刘基等人，满朝文武中能与其分庭抗礼者寥寥无几。于是胡的权势已发展到炙手可热、不可一世的地步，这种对皇权造成的严重威胁，多疑而又狭隘的朱元璋自然不能坐视不理。而胡惟庸的"专恣不法"，正好被他抓到了把柄，朱元璋遂以"胡党谋逆"为由，于洪武十三年兴"胡惟庸党案"。"词连所及，坐诛者3万余人"，前后因胡党案牵连被诛的公侯大将达20余人，成为明初的第一大冤狱。从此，朱元璋吸取教训，废丞相，设六部，大权独揽。

另一方面，君权与将权也发生了冲突。朱元璋自己就是一个"马上皇帝"，深知依靠武将夺取天下对于他自己的将来意味着什么，十分担心武将的叛乱。诸将出征，以其家属留京做人质，并依靠检校侦缉将士私事。而朱元璋对公侯大将的防范越是严密，矛盾越深。功臣宿将不仅手握重兵，且又和各地卫所军官有过统率关系，很容易形成和朝廷对抗的军事力量，成为**颠覆**明朝统治的潜在威胁。以大将军蓝玉为例，他是开平王常遇春妻弟，虽骁勇善战，但为人"性复狠愎，专恣暴横"，在朱元璋面前也举止傲慢，无人臣之礼。诸多迹象均表明，将权将要威胁到朱元璋的皇权，多疑的朱元璋当然不可能连这一点也不知道，于是，捏造蓝玉谋反的罪状。

猜疑型性格的人警惕性特别高，对周围的人都采取不信任的态度，同时，他们也为自己多疑的心态付出了代价。

从以上的例子中不难看出性格对于人的影响至关重要。优良的性格可以成就人一生的伟业；反之，不良的性格则足以毁掉一个人。

健全的个性是成功的基石

心理学研究结果表明，一个人的性格优劣在很大程度上对其事业、家庭生活、人际关系起了决定性的作用。健全的个性是事业成功的基础、家庭幸福的根基、人际关系良好的基石。

心理学家曾一再告诫世人：改善你的性格，健全你的个性，扼住命运的咽喉，做命运的主人。要改善自己的性格，健全自己的个性，前提是要认识自己的个性，找到自己性格尚存在的缺陷，对症下药，为明天的成功打下一个良好的基础。

心理学中最早的有关性格的学说是卡雷努思根据古希腊名医希波克拉斯的"液体病理说"所提出来的"四气质说"。"四气质说"把人的性格从总体上分为"阳刚"、"平淡"、"忧郁"及"急躁"等几大类，不同的人各属于其中的一种，这种学说直到今天也让人深有同感。卡雷努思在指出不同的性格对人的一生有不同的积极作用之后，又提醒世人不同的性格还有各自的弱点，它们必然对人的一生产生消极影响。在今天，我们不得不正视如下问题：作为独立的个体，我们该怎样完善自己的个性？作为将来的人夫或人妻、人父或人母，我们该怎样培养孩子健全的个性？

什么是健全、健康的个性呢？心理学者杰拉德指出：能将内心对重视你的人敞开是性格健全的重要特征。同时，要拥有健康的性格，向别人开放自己的内心是最好的办法。

通常，为了努力去适应社会，不与社会发生冲突，大部分人都必须相当程度地压抑自己。在社会生活上这是必须的，但是若压抑过度就会产生身心障碍。所以杰拉德强调，即使在社会生活中频频压抑自己的人，至少也要有一处可以倾诉、发泄胸中的郁闷和不满情绪的地方。这是拥有健康性格的必要条件之一。但是，自我开放并非越高越好。

人与人之间的交往，若一方抱着很高的期望，另一方却关闭心灵的大门，两人便无法沟通和交往。所以，敞开自己绝对是发展亲密朋友关系的基本条件。然而，一见面或在公开场合过度吐露自己细腻复杂的心情，怕只会令听者大惑不解，不知所措。所以，自我开放必须看场合，而且要适可而止，才能培养健康的人格。

显然，"健全"包含"健康"和"全面"两个方面的含义。健康的个性已说过了，现在再谈谈全面。这里要澄清一个误解，有人认为，所谓全面的个性，就是各种性格无所不包，全都融合在一个人的身上。这其实不对，个性之所以为个性，必然有与众不同的地方，方能称其为个性。一个什么样的个性都有的人，在现实生活中是绝对找不到的。即使那些左右逢源、八面玲珑的交际高手，也不可能什么样的个性都集于一身。至于伟人，他们更是以某方面的突出个性魅力来感染、吸引着群众。

"个性"这个词本身就已注定它强调个别，即这个人不同于那个人的性格因素。既然如此，那么，全面的个性指的是什么呢？我们认为，它是对一个人个性成熟的理论描述，成熟的个性即一种全面的个性，它以某种突出的性格特征为代表，融会贯通其他性格特征，从而使代表性的性格特征更加完善，取长补短，尽显个人的人格魅力。

　　社会发展到今天，人的各方面才能仍未得到充分的发展。由于种种原因，人所固有的气质的某些消极方面被不断强化，走极端的人比比皆是。当今时代是一个充满激烈竞争的商品社会，机会不会白白送上门；人的心理随时会承受各种各样的压力、挫折和失败；瞬息万变的信息要求我们能准确把握信息的诸方面，有能力占有信息，利用信息；全球日益成为一个地球村，我们有同国内外各种人士进行交流的机会和可能，这需要我们有丰富的阅历和在各种环境中从容自如的应变力……所以说，复杂的社会需要健全的个性。

成功型性格的13个特征

　　研究一些成功人士，试图发现一些促使他们成功的技巧、天赋和特征。当你看到这些技巧、天赋和特征时，你就会意识到其中的大多数你已经拥有了，而其中的某些技巧与天赋对你事业上已经获得的和即将获得的成功有着更为显著的影响。这些你都能够轻而易举做到，这将会成为你的优势。

　　如果你发现自己还有一种技能或天赋是你需要的，你却并不具备，你就必须去寻找拥有这一技能或天赋的人或团队，通过培训使你获得所需的东西。这些人将成为你的队友、同事、合作者、职业顾问和朋友。随着各类技能与天赋的结合并不断增强，你就会变得更加成功。

以下5点是你在每位成功人士身上都可以发现的素质。

1. 他们有梦想。

2. 他们有计划。

3. 他们有特殊知识或培训经历。

4. 他们工作努力。

5. 他们的字典里没有"不行"二字。

成功源于你的想法。为了成功，你首先必须相信你会成功。以下就是你在每一位成功人士身上都会发现的技能、天赋和特征。

1. 成功的人心怀梦想

他们有着极为明确的目标感、显著的目的性。他们清楚地知道他们想要的是什么；他们不会轻易地被别人的想法和观点所左右；他们有着坚强的意志力，睿智而富有思想；对于成功的渴求为他们带来了意想不到的收获；他们总是能完成一些其他人认为不可能完成的任务。

获得成功必须有一种合理的想法。所有杰出的人士关注的都是事情的结果，而从不为自己寻找借口。任何人都会为自己没能完成的事情寻找借口，想尽办法去解释，但是渴望成功的人是不会找借口来解脱的。

2. 成功的人有野心

他们希望完成任务。拥有高度的热情、使命感和自信心；他们非常自律；他们拼命努力工作，甚至加班加点；对于成功他们有着强烈的欲望；为了完成工作他们愿意付出任何代价。

成功来源于努力地工作，而生命中的快乐也来源于工作和因此而获得的成功。

3. 成功的人始终不断向成功奋进

完成一项使命后给他们带来的是巨大的满足感，而他们又继续向下一步目标奋斗。

4. 成功的人是专注的

他们专注于最为重要的目标；他们不会受到其他事物的干扰；他们绝不拖延时间；对于他们所做的重要方案，不到最后一刻他们不会让方案就此搁笔的；他们的工作是繁忙而卓有成效的。

5. 成功的人知道如何将事情办好

他们能够在最大限度内运用自己的技能、天赋、精力和知识；他们做那些必须要做的事情，而不仅仅是那些喜欢做的事情；他们努力工作，并出色完成任务。

6. 成功的人敢于对他们的行为负责

他们从不寻找借口，他们不埋怨别人，也从不抱怨。

7. 成功的人总是不断地在寻求解决问题的方案

他们拥有发现机遇的头脑，当他们发现机遇的时候，他们会很好地利用这些机遇。

8. 成功的人具有决断力

他们仔细研究各种相关的因素和事实，充分地讨论和思考，然后果断地作出决定。决定作出不会有一丝迟延，一定是当机立断的。

成功的小技巧：在你每一次作决定之前，请多花一些时间去思考和制定周密的计划，这样你就会作出更好的决定。

当事情并不像你所设想的那样得到相应的结果的时候，你就必须作适当的改变，任何决定都永远不可能是板上钉钉的。

9. 成功的人勇于承认错误

当你犯错误的时候，要承认它，改正它，然后继续前进。绝不要浪费时间、精力、金钱或者其他的东西去为一个错误或错误的决定而辩解。

当人们做错了事情的时候，他们可能会向自己认错。如果他们能很好地解决这些错误，他们就会向他人承认自己犯了错，甚至因自己的率直和胸怀宽广而自豪。但当别人不敢正视自己的错误，而将错误藏藏掖掖的时候，人们往往会变得戒备和愤怒。

10. 成功的人是独断专行的

11. 他们具备成功所需要的技能、天赋和严格的培训

成功的人具有独特的想法、培训经历，或者是技能，或者是天赋。他们知道成功应具备些什么。如果他们还不具备这些，他们就会努力去寻找具备这些东西的人。

12. 成功的人知道如何与他人共事和合作

他们有着外向的性格，在他们的周围聚集着许多为他们提供帮助与支持的人，而他们则是领袖。

13. 成功的人是狂热的

他们会因自己正在做的事情而激动，同时这种激动会传染给其他人。他们能将人们笼络在他们的周围，因为人们愿意与他们一起工作，成为生意上的伙伴。

我们每个人的性格都有好的一面，也有不好的一面，关键是我

们怎么去运用性格。我们应该努力学习、借鉴成功者的经验，努力向成功型性格靠拢，这样每一种性格的人就都可以成功。

常见的、不善于把握机遇的几种性格

1. 自卑、消极

有自卑心理的人大致有以下几个特点：一是不能正确评价自己，常常觉得自己一无是处，往往无端地夸大自己的缺点，觉得自己没有出息，认为自己缺乏特长，毫无价值。总觉得自己的运气不好，事事不如意，别人处处和自己作对。

二是很难有知心朋友，因为自卑者不能正确认识自己，对自己的认识完全建立在别人的评价上，所以对别人的评价异常敏感。常常担心别人嘲笑自己。别人说自己好，便自鸣得意；别人说自己不好，便生气，同时情绪开始低落，常为一句不经意的话或一件小事怨恨别人，因此和别人的关系很难维持很久。此外，由于自卑者的自尊心过强，稍遇刺激就会受到伤害，因此为了保护脆弱的自尊心，自卑者常常自我封闭，很少与人交往。

自卑者的第三个特点是心胸狭窄易发怒，自卑感常常是在和别人相比较，觉得自己不如别人时产生的。自卑者常在别人面前发牢骚，心理也长期处于消极紧张状态，动不动就大发脾气，然后又陷入深深的自责之中。

严重的自卑感会扼杀一个人的聪明才智，另外，它还可以形成恶性循环：由于自卑感严重，对于想做的事不敢去做或者做起来缩手缩脚，没有魄力。自卑者的性格决定了他们做事的方式，会让他们错过很多良机，从而很难实现自己的愿望。生活中类似的事例比比皆是：商人认为自己注定要失败，不敢抓住机遇去扩大经营规模；专业人士总认为自己的能力和想法比同事稍逊一筹；成绩优秀的学生为大学里的考试惴惴不安；年轻的姑娘相貌清秀可爱，但与邻居的女孩比较后，又觉得自己的社交能力赶不上别人而自卑。这些人本来极为优秀，但在内心里却憎恶自己，他们内心焦虑不安，没有自己的主见，用别人的判断标准扼杀了自己的信心。

要学会将自己最弱的部分转化为最强的优势，这对我们任何人都非常需要。请你大声地重复这句话，并把它深深地印在脑海中，你可以将最弱的地方转为最强。

有一个名叫格兰恩·卡宁汉的人，自小双腿因烧伤无法走路。但是，他却成为奥运会历史上最快的长跑选手之一。

他的事例告诉我们，一个运动员的成功，85%靠的是信心及积极的思想。换句话说，你要坚信自己可以达到目标。他说："你必须在三个不同的层次上去努力，即生理、心理与精神。其中精神层次最能帮助你，我不相信天下有办不到的事。"

积极的思想能使一个人将自己的弱点视为一种挑战的机会。你可以将弱点转为最强的部分。这种转化的过程有点类似焊接金属，如果有一片金属破裂，经过焊接后，它反而比原来的金属更坚固。这是因为高度的热力使金属的分子结构更为严密的缘故。

马特恩曾是一个很消极的人，多年前的一个晚上，他散步到长岛的一处草地上，计划在那里自杀。生命对他已无任何意义可言，生活中已无任何希望。他随身带了一瓶毒药，一口喝尽，躺在那儿等死。

第二天，他睁开眼睛，看到月光皎洁的夜空，十分惊异。他想不通自己为什么会没死。他开始认为，这是上帝的意思，上帝希望他活下来，因为另有任务给他。

他突然间重新有了生存的渴望。他感谢上帝的恩赐，让他活下去，并且下定决心，一定要活下去，要以帮助他人为职责。

马特恩成了一位特殊的积极思想者，他把帮助他人当作自己生命的全部使命。

对于你来讲，你想克服的弱点是什么？恐惧、生气、伤感、失望、沮丧、酗酒？无论是什么，我可以明确地告诉你，它绝对不能永远打败你。记住了这一事实，你就可以将最弱的地方转为最强。

任何人只要愿意控制自己的弱点，愿意接受积极思想，都能做到这一点。信仰可以大大改变人的生活，新思想可以把旧的坏思想排挤出去。只要有意识地去改变自己才能真正达到目的。"心的变化"实际是指意识的变化。

如果你是一个自卑的人，希望你一定要想方设法丢掉你的自卑，那样你就不会轻易错过身边的每一个机会，同时你的生活也会有一个全新的开始。

2. 被动、优柔寡断

在我们的生活中，有很多这样的人：他们遇事犹犹豫豫，拿不定主意，总是徘徊在取舍之间，无法定夺。这样就会使本该得到的东西,轻而易举地失去了;本该舍去的东西,却又耗费了许多精力。而时机是不等人的。在人生的许多时候,只有及时抓住机遇,竭尽全力地去努力,才能取得成功。正所谓"花开堪折直须折,莫待无花空折枝"。

人们之所以优柔寡断,因为他们总希望作出正确的选择,他们以为通过推迟选择便可以避免犯错误,从而避免忧虑。要消除优柔寡断,你不要将各种可能的结果都用对与错、好与坏,甚至最好与最坏来衡量。

优柔寡断的人无一不是消极被动的,他们做事习惯了犹豫,对于自己完全失去自信,所以在比较重要的事件面前,他们总没有决断。有些素质、人品及机遇都很好的人,就因为犹豫的性格,把自己的一生都给毁了。

威廉·沃特说:"如果一个人永远徘徊于两件事之间,对自己先做哪一件犹豫不决,他将会一件事情都做不成。"如果一个人原本作了决定,但在听到自己朋友的反对意见时犹豫动摇、举棋不定——在一种意见和另一种意见、这个计划和那个计划之间跳来跳去,像墙头草一样摇摆不定,每一阵微风都能影响他,那么,这样的人肯定是个性软弱、没有主见的人,他在任何事情上都只能是一无所成,无论是举足轻重的大事还是微不足道的小事,概莫能外。他不是在一切事情上积极进取,而是宁愿在原地踏步,或者说干脆倒退。古罗马诗人卢坎笔下描写了一种具有恺撒式坚忍不拔精神的人,实际上也只有这种人才能获得最后的成功。这种人首先会聪明地请教别人,并与他人进行商议,然后果断地决策,再以毫不妥协的勇气和坚强的意志力来执行他的决策。

人的一生是正确与错误、成功与失败交织的一生，每个人都在严酷的生存竞争中苦苦挣扎，就像千军万马过独木桥，稍有不慎，就可能被淘汰出局。成功与失败是人生的两个极端，又近在咫尺之间。有人把它们称之比邻而居的门户，也有人说它们不过是前后步伐，其结果相距那么遥远，又如此紧密相连。成败的转换只是瞬息之间，没有永远的失败者，也没有永恒的成功者。

只有经得起成功，更经得起失败的人，才是真正成功的人。在遭遇失败时，我们不妨对自己说："失败只是暂时停止的成功而已。"从另一方面看，有创造力的思考者会了解错误的潜在价值，然后他会利用这错误当作垫脚石，来产生新创意。事实上，整个发明史有很多利用错误假设和失败观念来产生新创意的人。哥伦布以为他发现了一条到印度的捷径，却发现了新大陆。开普勒偶然间得到行星间引力的概念，他是由错误的理由得来的正确假设。再说爱迪生还知道上万种不能制造电灯泡的材料呢？

在我们的一生中，几乎每个人都拥有相等的机会。没有一个人命中注定要过一种失败的生活，也没有一个人命中注定要过一帆风顺的生活。

机遇要靠自己去探索、去把握、去牢牢地抓住；要想成功，就要敢于冒险，敢于失败。

3. 脆弱、容易半途而废

在我们的生活当中，真正成功者总是少数，为什么呢？究其原因，绝大部分的因素是由于很多人性格当中有致命的弱点，这些弱点成了他们走向成功的绊脚石。比如，有的人性格软弱，做事一遇到困难就打退堂鼓，做起事来有始无终，很容易就被坎坷和挫折打到，最后的结局只能是一事无成。

这样的人很难抓住机遇，即使发现了机遇，也会因为他们那种一曝十寒、朝三暮四的做事方式而让机会白白地错过。

在美国西部的"淘金热"中，有一个人挖到了金矿。他高兴极了，心想这下自己的好运气来了，愈挖掘希望愈高，后来矿脉突然消失了。他继续挖掘，但努力仍归于失败。他决定放弃。他把机器便宜卖给一位老人后，便坐火车回家了。这位老人请了一位采矿工程师，在距原来停止开采的地下三尺处挖到了金矿。这位老人从别人放弃的地方开始，净赚了几百万美元。如果那个没有"持之以恒"的老兄知道了这个结果，肯定会后悔的。

明人杨梦衮曾说："郴之不止，可以胜天。止之不作，犹如画地。"这句话是什么意思呢？其实就是告诉世人坚持下去的道理：世上的事，只要不断努力去做，就能战胜一切困难，取得成功。但如果停下来不做，那就会和画饼充饥一样，永远达不到目的。

这是个浅显简单的道理，但我们在实际生活中，却常常忘了它。我们常常会有"为山九仞，功亏一篑"的遗憾。成功就距我们一步之遥，我们却在最后的关头放弃了努力，从而白白地错过了良机，让胜利轻易地与我们擦肩而过，这该是多么懊丧！

台湾企业家高清愿当初在经营台湾的统一超市时，连续亏损六年。但他并没有因此放弃，而是坚持走自己的路。终于在调整营业方针、市民消费能力提高之后，统一超市开始转亏为盈，如今他的企业稳居台湾商店业龙头地位。高清愿的故事告诉我们，往往在最困难的时候，越需要"持之以恒地做下去"的信念，这是对自己勇气和毅力的严峻考验。个性软弱胆怯的人往往会退缩，而性格坚忍顽强的人则会经受住考验，真是"山重水复疑无路，柳暗花明又一村"。适时调整，等待时机，是成功不可少的步骤。

要想成功，就要"作之不止"，绝不能半途而废。当然，方法、计划可以调整，但绝不要让失败的念头占据了上风。

"轻易放弃，总嫌太早。"记住这句话吧！越是在困难的时候，越要"持之以恒地做下去"。有时，在顺境时，在目标未完全达到时，也要"持之以恒地做下去"，不要因小小的成功就停步不前。

"持之以恒地做下去"，是一种不达目的誓不罢休的精神，是一种对自己所从事的事业的坚强信念，也是高瞻远瞩的眼光和胸怀。它不是蛮干，不是赌徒的"孤注一掷"，而是在通观全局和预测未来后的明智抉择，它更是一种对人生充满希望的乐观态度。在山崩地裂的大地震的灾难中，不幸的人们被埋在废墟下。没有食物，没有水，没有亮光，连空气也那么少。一天，两天，三天……还有希望生还吗？有的人丧失了信心，他们很快虚弱下去，不幸遇难。而有些人却不放弃生的希望，坚信外面的人们一定会找到自己，救自己出去。他们坚持着，哪怕是在最后一刻……结果，他们创造了生命的奇迹，他们从死神的手中赢得了胜利。

4. 浮躁、轻率

浮躁，乃轻浮急躁之意。一个人如果有轻浮急躁的性格，是什么事情也干不成的。

在现实生活中，常有性格浮躁、轻率的人。他们做事情既无准备，又无计划，只凭脑子一热，兴头一来就动手去干。他们在机遇面前，不是像很多成功者那样牢牢地抓住机遇，稳扎稳打，一步一个脚印地去达成自己的目标，而是恨不得一锹挖成一眼井，一口吃成胖子，结果不但没好好利用机会更与成功无缘。

《孟子·公孙丑上》有则寓言，说的是宋国有个种田人，为了让自己田里的禾苗长得快一些，就下到田里把禾苗一棵一棵地往上拔。他拔完后回到家，对家里人说："今天累坏了，我帮助田里的禾苗长高了。"他的儿子听后，忙到田里去看，只见田里的禾苗全都枯萎了。今天用来比喻强求速成反而坏事的成语"揠苗助长"就源于这个故事。

植物生长必须依赖一系列条件，要有适宜的温度，要有适量的水肥，还要有足够的生长时间等。那个浮躁的宋国人急于求成，违反了植物的生长规律，费了半天力气，却把事情办坏了。

性格的四大分类及其优缺点

我们现在最常见的分类法是把性格分为活泼型、力量型、完美型、和平型。

活泼型性格的优点如下。

优点1：乐观向上

活泼型大体来说是属于外向、多言、乐观的群体。他们总是表现得无忧无虑、快乐异常，他们的存在给世界带来了无穷的欢乐。活泼型的人认为自己活着的目的就是为了快乐，他们说话的手势特别多，眼睛有神，肢体语言特别丰富。

优点2：热情开朗

活泼型的人喜欢热闹，并善于与别人交往，他的朋友特别多；性格好动而热情。他们很容易让别人产生好感，因为他们天生就想赢得别人的认可。

优点3：情绪容易被调动

活泼型的人很情绪化、感情外露；他们对任何东西都有着强烈的好奇心，这样就使得他们经常略显孩子气，但这并不表明他们对工作没有热情。

优点4：信心十足

活泼型的人一般对现实有足够的信心。他们精力充沛、活力四射，总是能主动地去做每一件事，活泼型的人能带给我们轻松和欢乐。他们永远是最受欢迎的人。

活泼型性格的缺点如下。

缺点1：话说得太多

任何一件小事都能被他们宣扬或长篇大论，过于夸大事件的本身。难免言过其实，掩盖了事情的本来面貌。如果别人不阻止，他们会一直滔滔不绝地讲下去。

缺点2：以自我为中心

因为他们以自我为中心，对自己的故事津津乐道，所以他们通常不关注别人，不在意别人的需要，常常忽视别人的感受。

缺点3：不注意记忆

因为这种性格的人活泼好动，没有耐性，所以他们的记忆力不好，他们对数字毫无概念，通常记不住别人的名字和电话号码。

缺点4：变化无常

活泼型的人生活丰富多彩，有很多朋友，但却没有或很少有真正意义上的朋友。他们大多随兴而至，而不是真正可以信赖并依靠的好朋友。

很难真正成功。他们做事总是很有激情地开始，但往往以没有结果而告终，这是阻碍活泼型性格的人成功的敌人。

完美型性格的优点如下。

优点1：礼貌得体、生活有规律

完美型的朋友总体来讲是内向。善于思考的人，属于悲观的一群人。完美型的朋友严肃、得体、礼貌、矛盾，怕别人不在意，又怕别人太在意。完美型的人做起事来正确、严谨、有条不紊。

优点2：深思熟虑，才华横溢

完美型的人虽然不轻易交朋友，但结交的都是好朋友。他们对朋友非常忠诚，所以说他们是值得交的朋友。完美型的人虽然不太擅长社交，但你若想跟一个朋友就某一个话题进行深刻的交谈，完美型的人很适合。

完美型的人是非常有才华有天分的人。很多大师都是如此，像爱因斯坦、米开朗基罗等。正如亚里士多德所说："所有天才都有完美型的特点。"

优点3：细致有条理，言词敏锐

完美型的人是很细致的，他会把家务料理得井井有条；完美型的人如果够聪明的话，会擅长表达，言词机敏，理解与组织能力强，并且记忆力也相当好。

完美型性格如下。

缺点1：容易抑郁

当完美型的人把精神集中在消极面时，就会渐渐变得沮丧和抑郁，应把注意力放在积极面上。

缺点2：容易受到伤害

完美型性格的人很注重细节，感情敏感，所以他们很容易受到伤害。

缺点3：觉得没有安全感

由于天生消极的倾向，完美型性格的人对自己的评价十分苛刻，他们害怕与别人交谈，没有安全感。

缺点4：总是给人造成压力

因为完美型性格的人对一切事物都是高标准，使得身边的人很不适应，有很大的压力。

力量型性格的优点如下。

优点1：协调、聚精会神

力量型性格的人天生就是个领导者，他们在工作上精力充沛、充满自信。他们善于协调，并且快捷而有力量。

优点2：执着、好动、独立能力强

力量型的人喜欢争辩，而且一定要争个高下。他们有很强的独立意识，是做领导的好材料。

优点3：注重方向，强调价值

力量型的人几乎是工作狂，就是喜欢工作，停不下来。

优点4：有创造力、好恶分明

力量型的人充满了理想，他们有能力、果断，具有强烈的竞争性和敢于面对挑战。

力量型性格的缺点如下。

缺点1：好胜心太强

力量型性格的人对任何事都争强好胜，都要比别人强，而且他们的控制欲极强，喜欢控制别人。

缺点2：一意孤行

他们永远高高在上，俯视别人的生活，爱指使别人，认为不用他们的方法看待事物的人都是错误的。

缺点3：不能容忍别人的缺点

别人若是犯一点点的错误，他们便不能接受。他们希望身边的每一个人都能听从他的支配。

缺点4：不会主动道歉

力量型的人相信自己永远是对的，所以一旦他们错了，也不道歉。

和平型性格的优点如下。

优点1：与世无争

和平型性格的人普遍很内向，在情感方面很低调，做事很有耐心。他们表现得很平和，与世无争。他们喜欢过平静的生活，有着一成不变的生活模式。

优点2：容易满足

和平型性格的人没有太多的愿望，总是觉得平平淡淡才是真。他们很善良，不愿意给任何人带来麻烦。他们容易满足自己的现状，并非没有上进心，而是他们的性格导致他们喜欢平静。

优点3：自制自律，有耐心

和平型性格的人对自己不苛求，他们常常显得很平和。若是做父母，他们绝对是好父母，对待孩子不急不躁，很有耐心。

和平型的人自制、自律、实践、平静、满足、感受深刻敏锐，情绪稳定、温和、乐观，让人安心。他们支持别人，有耐性，好脾气，不自夸，是个真好人。

和平型性格的缺点如下。

缺点1：得过且过

和平型的性格对任何事情总是没有做出改变的魄力和热情，他们惧怕改变之后的情况会更糟。他们喜欢得过且过，通常很懒惰。

缺点2：没有主见

和平型性格的人最大的缺点就是没有主见。他们不是没有能力决定，只是不想负责，所以他们不愿做任何决定。

缺点3：不会对身边的人说"不"

和平型性格的人不愿意伤害别人，所以他们总是做自己其实并不想做的事，这样他们总是学不会对身边的人说"不"。

第二章
最容易使人成功的9种黄金性格

伟大的人物、成功的人物，都是性格非常有特色的，都是性格比较全面的，或者说，在性格上，具有常人不具备的一些优势。能够发挥自己的性格优势，找准适合自己做的事情，这既是一条事半功倍的成功之路，也是一条通向成功的人间正道。

黄金性格之一：充满自信

这是一种典型的外向型性格，具有这种性格特点的人一般都表现得充满自信和胆气，总是能够大胆、沉着地处理各种棘手的问题，并且，其性格也比较开朗、活泼，做起事来从容镇定，给人一种不卑不亢的感觉。

据说拿破仑亲率军队作战时，同样一支军队的战斗力便会增强一倍。原来，军队的战斗力在很大程度上基于兵士们对于统帅的敬仰和信心。如果统帅抱着怀疑、犹豫的态度，全军便要混乱。拿破仑的自信与坚强使他统率的每个士兵都有着极强的战斗力。

如果有坚强的自信，往往能使平凡的男男女女做出惊人的事业来。胆怯和意志不坚定的人即使有出众的才干、优良的天赋、高尚的品格，也终难成就伟大的事业。

一个人的成就绝不会超出他自信所能达到的高度。如果拿破仑在率领军队越过阿尔卑斯山的时候，只是坐着说"这件事太困难了"，可以肯定，拿破仑的军队永远不会越过那座高山。所以，无论做什么事，坚定不移的自信力，都是达到成功所必需的和最重要的因素。

坚强的自信便是走向成功的源泉。不论才干大小、天资高低，成功都取决于坚定的自信力。相信能做成的事，一定能够成功；反之，不相信能做成的事，那就绝不会成功。

有许多人这样想：自己天生就不是做大事的人，自己就没有享福的命。有了这种卑微的心理后，当然就不会有出人头地的观念。许多青年男女本来可以做大事、立大业，但实际上竟做着小事，过着平庸的生活，原因就在于他们自暴自弃。他们没有远大的理想，不具有坚定的自信。

与金钱、权势、出身、亲友相比，自信是更有力量的东西，是人们从事任何事业最可靠的资本。自信能排除各种障碍、克服种种困难，能使事业获得巨大的成功。

我们认为自己有多少价值，就不能期望别人把我们看得比这更重。一旦我们踏入社会，人们就会从我们的脸上、从我们的眼神中去判断，我们到底赋予了自己多高的价值。很多人都相信，一个走上社会的人对自己价值的判断，应该比别人的判断要更真实、更准确。

从道德方面看，去相信那些充满自信的人，也是一种保险的做法。如果一个人开始怀疑自己的正直诚实，那么，这离别人对他产生怀疑也为时不远了。道德上的堕落，往往最先在自己身上露出征兆。

德国哲学家谢林曾经说过："一个人如果能意识到自己是什么样的人，那么，他很快就会知道自己应该成为什么样的人。让他首先在思想上觉得自己的重要，很快，在现实生活中他也会觉得自己很重要。"

对一个人来说，重要的是我们要能够说服他相信他自己的能力，如果做到这一点，那么他很快就会拥有巨大的力量。

"固然，谦逊是一种美德，人们越来越看重这种品质，"匈牙利民族解放运动的领袖科苏特说,"但是,我们也不应该轻视自立自信的价值,它比其他任何个性因素都更能体现一个人的气概。"

英国历史学家弗劳德也说:"一棵树如果要结出果实,必须先在土壤里扎下根。同样,一个人也需要学会依靠自己,学会尊重自己,不接受他人的施舍,不等待命运的馈赠。只有在这样的基础上,才可能做出任何知识上的成就。"

"依靠自己,相信自己,这是独立个性的一种重要成分,"米歇尔·雷诺兹说道,"是它帮助那些参加奥林匹克运动会的勇士夺得了桂冠。所有的伟大人物,所有那些在世界历史上留下名声的伟人,都因为这个共同的特征而同属于一个家庭。"

只有自信与自尊才能够让我们感觉到自己的能力,这是其他任何东西都无法替代的。而那些软弱无力、犹豫不决、凡事总是指望别人的人,正如莎士比亚所说,他们体会不到,也永远不能体会到自立者身上焕发出的那种光彩。

黄金性格之二:独立自主

自己的事情自己做是这种类型人的最大特点,除非万不得已,他们一般不会去请求别人的帮助,甚至包括他们的父母。他们奉行独立自主的原则,坚信通过自身的努力会实现自己的目标。不受制于人是他们另一个比较显著的特点。这种类型的人做事果断，从不拖泥带水，他们的内心一般比较孤傲，不太喜欢交际。

世界上只有摆脱了依赖，抛弃了拐杖，具有自信心，能够自主的人，才能获得成功。自立自助是进入成功之门的钥匙，是获得胜利的象征。

举个例子来说，当船在海上航行，在风平浪静时，显不出驾驶航船的船长是否训练有素、是否富有经验。

能够看出船长的真实本领是在狂风暴雨、波涛汹涌、船将颠覆、人人惊恐的时刻。同样，在失败后的挣扎、奋斗时，才最能显露一个人的智慧。

所以说困境是对一个人意志的最好检验。

当人自立自助时，就开始走上了成功的坦途、抛弃依赖之日，就是发展自己潜在力量之时。

外界的扶助有时也许是一种幸福，但更多的时候情况恰恰相反。供给你金钱的人，其实并不是你最好的朋友，而唯有鼓励你自立自助的人，才是你真正的好友。

一个身体健全的人如果依赖他人，就会感到自己不是一个完整的人。一个人有了职业、自强自立的时候，他才会感到自由自在、无比幸福。

许多人之所以在社会上无所作为，是因为他们贪图省事，或是缺乏自信，不敢照着自己的意志去做。凡事没有自己的主见，事事要经得他人的同意认可才敢决定，这样缺乏自立自助精神，哪能有所作为呢？

一个人不敢表现自身的能力，也不敢表达自己的意见，实为人生之奇耻大辱。按照自己的意念，增强自己的信心，努力去做，自然能获得美满的结果。

一家大公司的老板说，他准备让自己的儿子先到另一家企业里工作，让他在那里锻炼锻炼，吃吃苦头。他不想让儿子一开始就和自己在一起，因为他担心儿子总是会依赖他，指望他的帮助。在父亲的溺爱和庇护下，想什么时候来就什么时候来，想什么时候走就什么时候走的孩子很少会有出息。只有自立精神能给人以力量和自信，只有依靠自己才能培养成就感和做事能力。

美国石油家族的老洛克菲勒，有一次带他的小孙子爬梯子玩，可当小孙子爬到不高不矮(不至于摔伤的高度)时，他原来扶着孙子的手立即松开了，于是小孙子就滚了下来。这不是洛克菲勒的失手，更不是他在恶作剧，而是希望让孩子的幼小灵感受到：做什么事都要靠自己，就是连亲人的帮助有时也是靠不住的。

人生路上也许电闪雷鸣，也许荆棘丛生，但都不要期待别人撑起遮风挡雨的伞，也不要等待别人为自己砍去荆棘。要独立自主，要成功，一切全靠自己。鲁迅先生说，地上本无路，走得多了，便成了路。真正的勇者，就是要独立自主地走出一条人生之路。

黄金性格之三：果敢无畏

这种性格的特点是：做事果断，只要认为可行，就会毫不犹豫、大刀阔斧地去实施，绝不会拖拖拉拉，迟疑不决。这种性格的人都比较直率、讲义气，为朋友可以两肋插刀。

在我们这个世界上，有一些年轻人，他们的生活没有任何的方向！他们漫无目的、随波逐流、无所事事、毫无生气地一天天耗费生命，没有任何明确的目标和想法，也没有任何明确的方向和计划。他们仿佛是完全受制于环境的可怜虫。他们的生命中没有一个贯穿始终的强烈而明确的目标，要知道，只有强烈而明确的目标才能充分发挥我们的才能，并且赋予我们的才能以实际的意义。比如一大箱的工具，如果不运用到需要它们的行业中去，这些工具就毫无用处；同样的道理，我们的满腹才华和独特技能就像是一箱工具，如果没有做一个出色木匠的愿望或打算，这些东西就没有任何意义。一个人的生命中如果没有一个确定的目标，那么他既不能有益于社会，也不会快乐幸福。

那种犹豫不决、摇摆不定、优柔寡断的生活态度，足以毁掉最聪明的天才。

在生命漫长的海岸线上，我们可以看见许多搁浅在岩石或暗礁上的船只，它们建造得很完美，而且装备也完备，但就是无力航行。我们看到有些人的生命之舟搁浅在岸边，破败不堪，原因就在于，他们每遇到一个阻碍就改变自己的航向。意志软弱而犹豫不决的人，就像风车受控于风向一样，被各种各样的诱惑、公众的舆论或外在的压力支配着，他往往无法说出"是"，但他更不敢说一个"不"。

如果一个人拥有决定的决心和非凡的意志力，那是多么幸运的事情！他鄙视所有的清闲和安逸，他嘲笑所有的反对和抨击；他深感内心里涌动着希冀和去行动的力量，他对自己拥有实现愿望的能力深信不疑；他知道，没有任何怯懦的拖延，没有任何怀疑的阴影，没有任何"如果"或"但是"之类的辩解，没有任何疑虑或恐惧能够阻止他去尝试；他嘲笑那些充满恐吓意味的横眉冷对，以及代表着阻碍和反对力量的流言蜚语；他十分清楚，要成为一个真正的人应该做些什么，而且他敢于去做；他的人格要比他内心的本能冲动更强有力，他绝不会屈服于各种意见和反对的声音；他既不会为巨大的压力所胁迫，也不会为宠爱或欢呼声所收买；面对轻蔑和奚落，他能够不为所动，他甚至还要嘲笑那一帮迫害者和嘲笑者！

1929年，在世界范围内发生了一场经济危机，海上运输业也在劫难逃。

当时，加拿大国营铁路正在拍卖中，10年前价值200万美元的6艘货船，仅以每艘2万元的价格拍卖。

获此信息后，希腊船王奥纳西斯像鹰隼发现猎物一样，立即赶往加拿大洽谈这笔生意。他这一反常态的举动，令同行们瞠目结舌，深感不可思议。

在海运业空前萧条、老牌海运企业家避之犹恐不及的情况下，奥纳西斯还投资于海上运输，简直是疯了，这无异于将钞票白白扔进大海。许多人规劝他，好心的朋友甚至认为他失去了理智。

其实，这种担心完全是多余的，奥纳西斯当然不会眼睁睁地去做赔本生意。他心里明白，经济复苏和高涨的机会终将替代眼前的萧条，危机一旦过去，物价就会从暴跌变为暴涨，所以，如果能买下这些便宜的货船，价格回升之后再抛出去，定能得到可观的利润。海运业虽暂受冲击，但随着经济的复兴，必将重新获得它的地位。基于上述分析，他不露声色地将这些船只全部买下。

果然不出所料，经济危机过后，海运业回升和振兴的幅度居各行业前列，奥纳西斯从加拿大买下的那些船只，一夜之间身价暴涨，他的资产也成百倍地激增，使他一举成为"海上霸主"。

黄金性格之四：乐观豁达

人生中，不如意事十有八九，在社会中生活，就要有经受困难和挫折的心理——不灰心、不气馁。要知道：困难会时常在我们人生中存在着，用什么方式去面对困难，就会酝酿出不同的结果。苦难对于人才是一块垫脚石，对于能干的人是一笔财富，对弱者是一个万丈深渊，对强者是迈向成功的机会。

具有乐观型性格的人，从不向困难低头，在困境面前表现出更多的是一种自信，并且能够将这种自信传染给周围的人。他们大多意志坚强，目光敏锐，其冷静的头脑也有助于他们迅速地找到解决问题的方法和策略。

"葛布拉"行星运行三大定律的发现者开普勒是一位在逆境中奋起的成功者。他的贡献远远超过了他在这个世界所获得的收益。虽然他至死都在疾病、贫困里挣扎，但他留给后人的却是一个无限富有的世界。

开普勒是个早产儿。由于那时的医学技术不发达，这种婴儿几乎是不可能活命的，而他却奇迹般地活了下来，但却终身被疾病困扰着。

开普勒有两次婚姻，却并不幸福。经济上的拮据常常令他的家庭陷入困境。可是这些还不算什么，更可怜的是，开普勒的主人又是鲁道夫皇帝——一个精神病患者。他曾经叫开普勒占卜星象，让他预言发动战争的最好时机。

为了满足偏执狂的皇帝及他的妻子，开普勒虚弱的身体及不良的视力愈发恶化。开普勒常常通宵达旦地埋头研究。他曾因书写时眼睛太靠近桌面，眉毛几乎被蜡烛的火焰烧光，痼疾恶寒也使他吃了不少苦。

尽管如此，开普勒却以他的模糊的视力，在一连串的数字中发现了具有无限魅力的星球幻象。开普勒看见的不仅仅是纸上的数字，他还看见了打开宇宙之门的神秘钥匙。

身体虚弱的开普勒，以他坚强的毅力，几十年如一日地坚持研究。时间如流水，他被淹没在像小山一样高的观测及计算的纸堆里。天花夺去了他的孩子的生命，但他仍不停地研究。鼠疫袭来了，他身上披着破烂的毛毯，带着家人逃避灾难，却始终不忘带着满皮袋的原稿。疾病、灾难、空空如洗的钱袋都不能妨碍他工作，他被工作深深地吸引住了。

经过多年夜以继日地不间断研究计算，他终于绘制出有1000颗星球的正确图。他发明了开普勒望远镜，为发明现代天体望远镜奠定了基础。谁能相信，发现了行星运行三大定律的人，竟是这样一个病人。他虽被种种困难折磨着，但还是给新的微积分学构筑了基础。

成功者并不一定具有超常的智能，命运之神也不会给予他特殊的照顾。相反，几乎所有成功的人都经历过坎坷，命运多难。著名的心理学家贝弗里奇说得好："人们最出色的成绩是在处于逆境的情况下做出的。思想上的压力，甚至肉体上痛苦都可能成为精神上的兴奋剂。很多杰出的伟人都曾遭受过心理上的打击及形形色色的困难。"他同时还指出："忍受压力而不气馁，勇于知难而进，是最终获得成功的重要因素。"

黄金性格之五：积极进取

进取心是点燃激情的火把，是造就成功的强大动力源。它是一个人生命中最奔腾、最神秘的力量。

具有进取性格的人，通常可以激发出身体内的潜能及向命运抗争和挑战的力量。这种永不停息的自我推动力可以激励人们向自己设定的目标前进，并推动人们去完善自我，追求完美的人生。

美国学者詹姆斯根据其研究成果指出："普通人只开发了自己身上所蕴藏能力的 1/10，与应当取得的成就相比较起来，每个人不过是半醒着的。"事实上，每个人的自身都是一座宝藏，都蕴藏着大自然赐予的巨大潜能和无限潜力，只是由于没有进行各种潜能训练，使得我们没有机会将内在的潜能淋漓尽致地发挥出来。在我们身上没有得到开发的潜能，就犹如一位熟睡的巨人，一旦受到激发，便能发挥"点石成金"的力量。

爱迪生小时候曾被学校的老师认为愚笨，而失去了在正规学校受教育的机会。可是，他的母亲并没有因此而放弃对他的教育。在母亲的帮助下，爱迪生最终成为了世界上最著名的发明大王，一生完成上千项发明创造，他在留声机、电灯、电话、有声电影等许多项目上进行了开创性的发明，从根本上提高了人类生活的质量。

世界顶尖潜能大师安东尼·罗宾说："并非大多数人命里注定不能成为爱因斯坦式的人物，任何一个平凡的人，只要发挥出足够的潜能，都可以成就一番惊天动地的伟业。"

爱因斯坦是一位举世公认的 20 世纪科学巨匠。在他死后，科学家们对他的大脑进行了科学研究。结果表明，爱因斯坦的大脑无论是从体积、重量、构造或细胞组织上，都与同龄的其他任何人无异，并没有任何特殊性。这充分说明，爱因斯坦成功的"秘诀"，并不在于他的大脑内部比起其他人有多么与众不同，用他自己的一句话总结就是"在于超越平常人的勤奋和努力以及为科学事业忘我牺牲的进取精神"。

一个人潜能的开发程度取决于他的性格：具有积极进取性格的

人，受到推动力的引导和驱使，其潜能能够获得深度的开发，很可能成就一生的梦想；而有着消极懈怠性格的人，无视这种力量的存在，或者仅仅是有时才服从这种力量的引导，因此凡事得过且过，人生也将停滞不前，注定一事无成。

通常情况下，在我们的生活中，大多数的人就像没有被磁化的指南针一样，习惯于在原地不动而没有方向，习惯于依赖既有的经验，认为别人做不到的事情自己也不可能做到，于是便变得安于现状，习惯了按部就班的生活，习惯于从事那些让自己感到安全的事情，习惯于表现自己所熟悉、所擅长的本领，不愿意去改变自己的生活及探索未知的领域，因此，根本无法形成积极进取的好性格，自身的潜在能力也就始终得不到挖掘，所有的潜能也都在机械的操作中埋没，并随着年龄的增长、机体的变化而渐渐消失了。只有那些对成功怀有强烈愿望的人，才能够塑造出积极进取的性格，从而突破自我极限，激发内在蕴藏的能力，最终获得巨大的成功。

黄金性格之六：坚强坚韧

坚强型性格的特点是：稳健成熟，意志坚定，有极强的忍耐力，能忍人之所不能忍，能为人之所不敢为。这种类型的人做任何事都能尽职尽责、有始有终，不达目的誓不罢休。他们一般对人比较诚恳，不会虚情假意地对待任何人。

成功的秘诀就是不怕失败。他们在事业上竭尽全力，敢于面对失败，即使失败也会卷土重来，并立下比以前更加坚定的决心，努力奋斗直至成功。

有些人遭到一次失败，便从此失去了勇气，一蹶不振。可是，在刚强坚毅者的眼里，却没有所谓的"滑铁卢"。那些一心要得胜、立意要成功的人即使失败，也不以一时失败为最后之结局，还会继续奋斗，在每次遭到失败后再重新站起，比以前更有决心地向前努力，不达目的绝不罢休。

坚忍勇敢，是伟大人物的特征。没有坚忍勇敢品质的人，不敢抓住机会，也不敢冒险，一遇困难，便会自动退缩，每获一小小成就，便感到满足。

要考察一个人做事成功与否，要看他有无恒心，能否善始善终。持之以恒是人必须具有的美德，也是完成工作的要素。一些人和别人合作完成一件事时，起先是共同努力，可是到了中途感到了困难，于是多数人就停止合作了，只有那少数人还在勉强坚持。可是这少数人如果没有坚强的毅力，工作中再遇到阻力与障碍，势必也随着那放弃的大多数同归失败。

有人在给他从事商业的朋友推荐店员时，举出了某人的许多优点，那做商人的朋友问道："他能保持这些优点吗？"这实在是最关键的问题。首先是，有没有优点？然后是，有了优点，能否保持？遇到失败，能否坚持不懈？所以，具有坚忍勇敢的精神是最宝贵的，具有这种精神才能克服一切艰难困苦，达到成功的愿望。

对于一个真正的强者来说，失败根本不值一提。那仅仅是一个小小的插曲，是他事业中的一点小麻烦，并不重要。一个真正强者的头脑中根本不存在成败的概念。不管什么样的打击和失败降临了，一个真正伟大的人都能够从容应对，做到临危不乱。在暴风雨的考验中，一个软弱的人屈服了，而一个真正的伟人却镇定自若，胸有成竹。他是环境的主人，没有什么能够伤害他。他就像一个森林之王，经受着风吹雨打，独自岿然不动，任岁月变迁，雄心不改。

一次龙卷风过后的第二天，人们发现龙卷风摧毁了一切脆弱的东西。腐烂的树干或者不坚硬的树木被折断了。只有那些真正结实的树木才经受住了考验。村中的房屋除了那些地基深厚的以外，都被摧毁了；那些根基不深的房屋都倒塌了，数以千计。那些投资很大、精心建造的房屋经受住了考验。同样，当危机来临的时候，那些意志薄弱、毫无斗志的人最先倒下。困难使弱者更弱，强者更强。

温德尔·菲利普斯问道："什么是失败？"接着他又回答："失败是迈向成功的第一步。"许多人最终迈向了成功，就是因为他们经历了无数次失败。如果他不曾失败过，他就不会取得更辉煌的胜利，每一次失败都会使一个勇敢的人更加坚定。如果没有失败的打击和磨炼，他或许就是一个平庸的人。失败让他发奋图强，经历了失败的痛苦，他才找到了真正的自我，感受到了自己真正的力量。许多人似乎不知道怎样发挥出自己的潜能，直到他们经历了一场灾难，看到暗淡的生活和破落的家庭才激起他内心的勇气。

有些很平常的人突然经历了深刻的痛苦，或巨大的不幸，却生出了自信的力量、进取的精神和与困难搏斗的能力。以前他甚至不曾梦想过自己有如此的才能，认识他的人也未曾想到他如此出色。但环境的压力迫使他做出了惊人之举，而在以前安逸和奢华的环境中时，他是不可能有这样出色的表现的。以前他不曾挖掘自己的潜力，也不曾知道自己真正的力量，直到灾难来临的时候才发现了真正的自我。

在我们的天性中，有一种神秘的力量。这种力量是我们所不能形容、不能解释的，它似乎不在我们普通的感官中，而隐藏在我们的心灵深处。

当我们处境危急的时候，这种力量就会爆发出来，使我们得救。我们常常会看到在交通事故中，当面临着死亡的威胁时，不论是男人还是女人，都会竭尽全力从险境中挣脱。在海难、火灾、洪水中，我们常常看到纤弱的女孩和妇女们执行着艰巨的任务。当面临险境，她们创造了奇迹。是那些潜藏在我们内心的精神力量，是那些我们在日常生活中不曾唤起的精神力量，使我们成为了巨人。那些能充分利用神秘力量的人是不会失败的。对一个永不言败的人来说，对于那些真正意识到自己力量的人来说，失败永远不会光顾他们；对于一颗意志坚定、永不服输的心灵来说，永远不会有失败；对于一个跌倒了再爬起来，对于一个即使其他人都会退缩和屈服，而他永不退缩、永不屈服的人来说，永远不会有失败。有多少次，困难降临到了我们头上，我们一开始以为是灭顶之灾，我们感到恐惧，我们的雄心受到了打击，面对灾难，我们似乎无法逃脱，被吓得胆战心惊。然而，突然间，我们的雄心被再次激起，伟大的内在力量被唤醒，结果化险为夷，一切都只是一场虚惊。

在我们的日常生活中，随时都有可能遇到困难和阻力，其实，有时候那些困难并不像我们想象的那样可怕，是我们在头脑中人为地把困难扩大了。面对困难，首先想到的不是努力去克服它，而是退缩、逃避。这样我们自己就将自己给打败了。你如果是一个不甘平庸、渴望成功的人，就必须努力培养自己坚忍的性格。有了这样的性格，一切困难都将被你踩在脚下，你也会发现一个全新的自我。

黄金性格之七：宽容大度

这种性格的特点是：爱好和平，不喜欢与人发生冲突，总是能够和他人和睦相处。即使他人犯了错误，也总是抱着宽容、谅解的态度对待。因此，这种类型的人经常能够赢得别人的敬重和理解。

人们常说，才华和性格对于一个人的成功有决定性的影响。确实，一个善于宽容、体谅他人的人，一个心地善良心气平和的人，一个具有克制力和忍耐力的人，总能找到生活中的幸福。或者说，一个人的幸福在很大程度上就取决于这些善良、宽容和体贴人的品格。正如柏拉图所说的，使别人幸福的人，他自己也一定能得到幸福。

性格对于一个人的生活有着极为重要的影响。性格好的人总能看到生活中好的东西，对于这种人来说，根本就不存在什么令人伤心欲绝的痛苦，因为他们即使在灾难和痛苦之中也能找到心灵的慰藉，正如在最黑暗的天空中心灵总能或多或少地看见一丝亮光一样。尽管天上看不到太阳，重重乌云布满了天空，但他们还是知道太阳仍在乌云之上，太阳的光线终究会照到大地上来。

这种使人愉悦的性格不会遭人妒忌。具有这种性格的人，他们的眼里总是闪烁着愉快的光芒，他们总显得欢快、达观、朝气蓬勃，他们的心中总是充满阳光。当然，他们也会有情绪消沉、心情烦躁的时候，但他们不同于别人的就是他们总是愉快地接受这种痛苦，没有抱怨，没有忧伤，更不会为此而浪费自己宝贵的精力，而是以平和的心态坦然面对一切，并奋勇前行。

　　这种人的最显著的性格特点就是天性愉快、乐观、友爱，对前途充满希望，值得信赖。他们见识非凡，目光敏锐，他们善于从目前的灾祸中看到未来的希望；当疾病缠身的时候，他们知道经过自己的努力，身体终会恢复；在生活的艰苦磨炼中，他们学会了遵守纪律，勇于改正错误，总结经验教训；在痛苦和挫折面前，他们总是鼓起勇气，从不退却。正是在与困难和挫折作斗争的过程中，他们学到了许多知识，懂得了生活之艰辛。

　　尽管这种愉快的性格主要是天生的，但正如其他的生活习惯一样，这种性格也可以通过训练和培养来获得或得到加强。我们每一个人都可能充分地享受生活，也可能根本就无法懂得生活的乐趣，这在很大程度上取决于我们从生活中提炼出来的是快乐还是痛苦。我们究竟是经常看到生活中光明的一面还是黑暗的一面，这在很大程度上决定着我们对生活的态度。我们完全可以运用自己的意志力量来作出正确的选择，养成乐观、快乐的性格，而不是相反。乐观、豁达的性格有助于我们看到生活中的光明的一面，即使在最黑暗的时候也能看到光明。

　　具有乐观、豁达性格的人，无论在什么时候，他们都感到光明、美丽和快乐的生活就在身边。他们的宽容、豁达会感染周围的人，让人感受到一种温暖向上的力量。这种性格使智慧更加熠熠生辉，使美丽更加迷人灿烂。

黄金性格之八：诚实守信

诚实守信的人从不轻易许诺，一旦答应下来就一定会实践诺言。正因为如此，他们才为自己赢得了重信誉、守信用的美名。这种类型的人一般都有很强的原则性，一旦某人做出背信弃义的事，他们终生也不会原谅他。

韩国现代企业集团的总经理郑周永，是世界闻名的大财阀。然而，正当他将要在韩国的建设行业中崭露头角、事业有了起色之时，意外的打击无情地降临到他的头上。

那是1953年，郑周永的现代土建社承包了一座大桥的修建工程。由于战时物价上涨，开工不到两年，工程费总额竟比签约承包时高出了7倍。在这严峻的时刻，有人好心地劝阻郑周永，赶紧停止施工，以免遭受进一步的损失。但郑周永另有一番想法：金钱损失事小，维护信誉事大。于是他鼓起勇气，毅然决定：为了保住现代土建社的信誉，宁可赔本甚至破产也要按时把工程拿下来。结果，现代土建社付出了巨大的代价，终于按时完工，保质保量地按时交付使用。

郑周永这回虽然吃了大亏，以致濒临破产，但也因此树起了恪守信用的形象，赢得了人们的信任，生意一个接一个地找上门来。不久，他投标承包了当时韩国的四大建设项目：朝兴土建、大业、兴和工作所和中央产业，承建了汉江大桥的第一期工程。接着，又继续承建了江汉大桥的第二、第三期工程。光是汉江大桥这3项重大工程就前后花了整整10年的时间，它不仅使郑周永的"现代土建设"赚得了丰厚的利润，而且压倒了同行对手，一跃成为韩国建筑行业的霸主。

商人要想使自己的事业有大的发展，必须讲商业道德，以德为本。郑周永宁输老本，也不输信誉，他的生意越做越兴隆。

诚实、守信不仅对于商人是至关重要的，而且它也是衡量一个人品德是否良好的一个标准。良好的个人修养不但能促进个人在事业上的进步，而且能够为成功者创造有利的外部环境。无数成功者的经验表明：诚实、正派是赢得他人信任的前提，人格力量是事业成功最可靠的资本。

黄金性格之九：成熟稳重

这类性格的特点是：冷静、有耐心、理性。对于一个人来说，哪怕是一次小小的冷静，一次小小的耐心，甚至是一次微不足道的理智，也会使自己变得坚定而有力。

历来成大事的人，其成功都与他们善于忍耐和冷静的理性有关。韩信这样做了，所以韩信是一个不凡的人。一个善于克制感情、控制自我行为的人，是意志坚强的人；而言行轻率、缺乏自制力的人，必定莽撞。鲁莽常常不仅无法解决问题，反而会将事情弄得更加糟糕，很多无法挽回的遗憾都产生于怒火之中。鲁莽还往往使人失去判断力，从而成事不足，败事有余。

郑先生有一个10岁的儿子，在别人眼里，郑先生的儿子活泼可爱，但郑先生却认为儿子太调皮捣蛋，因此，他时常训斥儿子。

一次，儿子和同学玩耍时，一不小心把别人的头打破了，学校让郑先生赔了200元医药费。

郑先生非常恼火，骂儿子是讨债鬼。儿子吓得直哭，郑先生更火了，一巴掌扇在儿子的脸上骂道："哭，还哭？"

几天后，儿子说耳朵疼，听不清声音。郑先生慌了，赶紧领儿子到医院检查。结果儿子右耳膜穿孔，郑先生花了一万多元治疗费，也没治好儿子的耳朵，儿子的右耳再也听不见声音了。

鲁莽也是人性的弱点，是一种不正常的行为。鲁莽并不意味着勇敢，而是懦弱无知的表现。没有理智的勇士是莽汉，不善于克制的勇士是狂夫。

让鲁莽者保持头脑清醒和让狂奔的惊马停下来一样困难，想止息怒气的蔓延就应该先克制一下自己烦乱的情绪，只有小心地驾驭情绪，才能有理智地控制住自己。

做一个学会控制自己的人，不要因为莽撞而做有损自己形象的事，招来别人的鄙视。胸襟开阔、修养卓越的人是不会受情绪摆布的，他们永远靠理性保持着自我控制的能力。

无论是在大顺之时，还是在大逆之时，都要把握住自己。不要因为喜形于色而乐极生悲，也不要因为暴跳如雷而殃及名声。

喜怒无常的人，置自己和他人于不顾，他们的意志、行为和运气天天都在波动，让人感到困惑和厌烦。易怒的人，很难保持自尊，他们常被人们认为是愚蠢的替身。

力量不是随时都有的，需要慢慢积累。但是涉世不深的青年易萌生急躁心理，这是一种需要外泄的力量。若不想让它坏了你的事，不妨换个方式将它排除掉，比如使全力握起一拳，有了累的感觉，歇一会儿你就轻松了。

对于勇于奋进的人来说，被急功近利搞得方寸大乱，这往往是失败的前兆，得不偿失。一个因心急而半途而废的人，是无法赢得成功的。

有的人在即将实现目标时放弃计划；有的相反，在最后的关键时刻作出比以前更大的努力而终获成功。狂躁的人就属于前者。

在一次高级人才招聘会上，A君以其绝对的实力闯过了5关，不知最后一关会是什么，A君在揣摩着。而另一位同是某名牌大学毕业的B君则有两关是勉强通过的。

此时，他们都在等待着那第6关考题的公布，这将是对于他们的一次宣判，因为两个当中只能选一个。A君入选是无疑了，大家都向他投去赞赏的目光。

主持者在片刻的有些令人窒息的"冷场"之后开始宣布A君被录取，B君另谋高就。

宣布完后A君兴奋地站起来，抑制不住心中的激动之情带头为自己鼓掌。

这时B君不卑不亢地起身微笑着说:"哦,正可谓人各有志不可强求,选择人才是择优录取,更何况每个单位都有它用人的标准和尺度,每个人都想找到,也会找到自己适合的位置。好了,再见。"

"B先生请留步!"主持者面带欣喜起身走向B君,"B先生,你被录取了。"

面对众人的惊讶,主持者向众人解释说:成功与失败本是两个相互依存的概念,是相对而存在的,应该是平等的。如果把任何一方看得过重,这个天秤就要失衡。在这个世上生存或是发展,我们不只羡慕成功者的辉煌,而更看重能镇定自若面对失败的人。因为,每一个成功实际上是以许多人的失败为起点的,连在起点上都坚持不住的人,何谈以后的漫漫长途呢!

全场响起热烈的掌声。

心态是否平和是衡量一个人心理品质的重要参考因素,尤其是当人生中出现极大落差时,一个人若能保持平常心,正确看待所遇到的现实问题,依然不失落、不退缩,那么,这样的人还有什么样的考验不能面对呢?

在遭遇麻烦和危机时,应学会控制自我的心态,在忍耐的基础上,要深思熟虑,不要轻易做出应急性的反应,因为贸然行动往往是情绪化的,是不理性的,甚至可能是错误的。镇定自若,笑对人生,更能显出你成熟、稳重的风度。

第三章
最容易致人失败的8种负面性格

一只木桶能装多少水,完全取决于它最短的那块木板,这就是"木桶效应"。一个人其人生的圆满程度,完全取决于他性格中最弱的环节,这就是性格的"木桶效应"。性格与成败的关系很直观:拥有不好的性格,就会做出不好的事情,就会有不好的结果。

负面性格之一：任性

任性型性格的特点是：以自我为中心，爱憎分明，喜怒总是挂在脸上，从不掩饰自己的感情。这种类型的人最大的特点就是任性，稍有违背自己意愿的事便会使性子，不善于约束自己。其最大的缺点也是因之而来的不顾大体，缺乏自制力。

我们接下来看看任性的惨痛代价。下面就是关于王安电脑公司如何破产的故事，这或许能够给我们一些教训和启迪。

王安公司曾被人们称为美国最成功、最有前途的企业。创建该公司的王安博士也曾位于美国5大富豪之列，王安电脑的名字曾是何等的响亮。但时过境迁，大厦将倾。王安博士在大厦将倾之时，带着遗憾故去。其后不久，1992年8月18日，王安公司正式向美国联邦法院申请破产保护。细加分析，可以看出导致王安公司失败的原因有三。

其一，只满足于科技本身的进步，忽视了市场需求的变化。王安公司在过去的10多年中，曾不断推出新产品，特别是推出了办公电脑，开创了办公自动化的新纪元。随着变化越来越快，王安公司的脚步却停了下来。市场上个人用微型电脑良好前景刚一显露，IBM公司及其他公司就紧紧盯住，迅速开发出个人用微型电脑及相配的软件，一时间，个人用微型电脑在办公室和家庭迅速普及开来。而王安公司自傲于自己产品的科技水准，仍以中型电脑为主攻方向，结果失掉了市场。

其二，不能及时根据用户的要求，调整产品的功能。现今用户为了使用方便，希望各种电脑能够互相兼容，以便在不同的机种上交互作业和交换资料。为适应顾客的这种要求，许多电脑公司纷纷使自己的产品与计算机主流公司的产品兼容。而王安公司则坚持生产不能与IBM公司产品兼容的电脑。此外，王安公司在软件、售后服务和交货及时性方面也不能适应顾客的要求，远远落后于其他公司。

其三，王安本人不能以贤举人。他利用自己拥有王安公司绝对多数股份的优势，安排38岁的儿子王列出任公司总裁。此人不善经营，却又自负气盛，不仅未能扭转业务下滑的局面，反而还气走了一位跟随王安20多年的销售专家。这对王安公司来说无疑是雪上加霜。

王安公司的悲剧，与苹果公司当年出现的黑暗时期的产生原因是一样的，只不过苹果公司及时请进了一位经营专家斯卡利，最终能柳暗花明，迎来了一个新发展时期。而王安公司本已陷入困境，但又交给了一位经营无方的人去管理，悲剧结果也就无法避免了。王安公司的悲剧再次告诉我们，无论经营企业，还是对于我们个人来讲，孤芳自赏是非常有害的，它会妨碍人们的视野，使人们只在一个狭小的地方打转。对于我们的事业来讲，是有百害而无一利的。

记得王安先生曾经说过这样一段话："谁抛弃了市场，谁跟不上潮流，谁就在市场上没有立足之处，谁就注定要被市场淘汰掉。"这是多么蕴含哲理的话啊！可是后来的王安却任意而为，违背了市场的规律，所以也才有了之后的公司破产的悲剧。这确实值得每一个人深思。

负面性格之二：自负

自负型性格的特点是：孤傲、自负，很难接受别人的意见和建议。形成这种性格主要原因除天生的因素外，就是由于后天成功的经历造就了这种性格。一般说来，具有这种性格特征的人大多比较聪明，这也是他们武断自负的原因所在。自然地，他们很难有真正推心置腹的朋友，因为他们只需要对其言听计从的人。

美国汽车业巨子艾科卡的闻名，缘于1983年前他使奄奄一息的克莱斯勒公司起死回生的奇迹。尔后，他据此写成的自传《反败为胜》一书被奉为西方企业家的"圣经"，当年便创下销售百万册的记录。1987年，艾科卡又完成了一系列企业兼并、合作事件，先后买下了3家美国汽车公司，与日本三菱、法国雷诺等企业订下联盟之约，他根据这些经历所写的自传续篇《我的美国梦》一书再度引起社会轰动。然而，再辉煌的历史毕竟是历史，此后的艾科卡就遇上前所未有的大难题。与当年每支股票价格从6美元猛涨至47美元的鼎盛之时相比，克莱斯勒公司后来可谓江河日下，继1988年亏损

6.64亿美元，利润锐减三分之二后，1989年的汽车销售量又下降了12.9％。这家年营业额高达400亿美元的美国第三大汽车制造公司，账面上赤字已高达250亿美元，许多工厂将不得不关闭。

出现这种情况，身为克莱斯勒公司主管的艾科卡自然难辞其咎，需要对公众作出解释。尽管他把这一切都归咎于日本汽车业的竞争，并要求政府出面予以保护。平心而论，日本汽车厂商的攻势确实咄咄逼人，在美国市场的占有率已由20世纪80年代初的19.6％上升到23.7％，而丰田汽车的年销售量甚至超过了克莱斯勒。但是个中原因究竟如何，人们可以从1990年度美国人自己进行的一次汽车评比中窥见端倪。在评选出的美国市场上的10种最佳轿车评比中轿车中有5种出自日本。相比之下，克莱斯勒公司不仅最佳榜上无名，而且竟跌到10种最差轿车的行列之中去了，每辆车的平均售价还比日本车高出750美元。因此可以说，艾科卡当年提出的"低成本，高质量，大市场"的三大目标均未实现，这自然导致了竞争的失败。

除此之外，一些有识之士还认为，艾科卡失败的原因在于过于自负和胃口过大，当年他连续兼并了美国3家汽车公司，虽然扩大了公司的实力，但也因此承担了一笔巨大的年金义务。克莱斯勒在20世纪90年代每卖出一辆汽车，就需从收益中拿出1000美元存入年金账户。这对公司来说，无疑是一个沉重的经济负担，再加上经营亏损，使克莱斯勒公司开发新车种所需的巨额资金至今没有着落，这对克莱斯勒此后恢复竞争优势自然十分不利。

艾科卡如今的窘境和当年的鼎盛相比，反差太大了，这种状况恐怕是他始料未及的。

其实，自信可以推动我们追求更高的人生目标，达成更高层次的人生事业。但这种心理必须限定在合理的范畴之内，也就是说，自信，我们可以有也应该有，但最好不要过，过犹不及，当过度的自信演变成极度的自负之时，它就会成为我们人生的一种束缚，令我们不能以谦卑之心去汲取人之所长，于是人生困顿不前，甚至一败涂地。

负面性格之三：犹豫

犹豫型性格的特点是：优柔寡断，犹豫不决。在重大的决策面前他们会表现得摇摆不定，瞻前顾后，迟迟不能作出决定。而且由于他们本身具有的依赖性，他们会不断征求别人的意见，可是众人说法不一，这又让他们感到无所适从。由于他们的个性会让自己错失很多良机，也因此导致自己一事无成。

世间最可卑的人就是那些举棋不定、犹豫不决的人。无论大事小事，他们都要去征求他人的意见，没有自己的决断。这种主意不定、意志不坚的人，既不会相信自己，也不会为他人所信赖。

有些人简直优柔寡断到无可救药的地步，他们不敢决定所有事情，不敢担起应负的责任。之所以这样，是因为他们不知道事情的结果会怎样——究竟是好是坏、是凶是吉。他们常常担心今天对一件事情进行了决断，明天也许会有更好的事情发生，以致对今日的决断发生怀疑。许多优柔寡断的人，甚至不敢相信他们自己本来能解决的事情。因为犹豫不决，很多人使他们自己美好的想法一再破灭。

决策果断、雷厉风行的人也难免会犯错误，但是他们总是会迈开自己的脚步，大胆地去做自己应该做的事情，这要比那些做事处处犹豫、时时小心的人强得多。

所以，对于你来说，犹豫不决、优柔寡断是一个阴险的仇敌，在它还没有伤害到你、破坏你的力量、控制你一生的机会之前，你就要即刻把这一敌人置于死地。不要再等待、再犹豫，绝不要等到明天，今天就应该开始。要逼迫自己训练一种遇事果断坚定、迅速决策的能力，对于任何事情切不要犹豫不决。

当然，对于比较复杂的事情，在决断之前需要从各方面来加以权衡和考虑，要充分调动自己的经验和知识，进行最后的判断。一旦打定主意，就不要朝令夕改；一旦决定，就要断绝自己的后路。只有这样做，才能养成坚决果断的习惯，既可以增强人的自信，同时也能博得他人的信赖。养成了这种习惯后，在最初的时候，也许会时常作出错误的决策，但由此获得的自信等各种卓越品质，足以弥补错误决策可能带来的损失。

拿不定主意和优柔寡断，对于一个人来说，实在是很致命的弱点。犯有此种弱点的人，从来不会是有毅力的人。这种性格上的弱点，可以损害一个人的自信心，也可以破坏他的判断力，并大大有害于他的全部精神能力。

果断决策的力量，与一个人的才能有着密切的关系。假如没有果断决策的能力，那么你的一生就像茫茫大海中的一叶孤舟，永远漂流在狂风暴雨的汪洋大海里，永远达不到成功的目的地。

负面性格之四：悲观

这种类型的性格特点是：忧郁、自闭，对什么都不感兴趣，总是一副忧心忡忡的样子；对前途没有信心，因而也缺乏前进的动力和勇气；或者自暴自弃、不思进取，严重者甚至产生轻生厌世思想。阻碍他们成功的与其说是能力、机遇与环境，倒不如说是他们自己的性格。

如果一个人在他人面前总是表现得郁郁不乐，就没有人愿意同他在一起，人们都要避而远之。

人类的天性就喜欢与和谐快乐的人相处，当人们看到那些忧郁愁闷的人，就好像看到一幅糟糕的图画一样，让人心里郁闷。一个人不应该做情绪的奴隶，一切行动皆受制于自己的情绪，人应该反过来控制自己的情绪。无论你周围的境况怎样不利，你也应该努力去支配你的情绪，把自己从黑暗中拯救出来。当一个人有勇气从黑暗中抬起头来，面向光明大道，勇敢地朝前走，便不会有阴影了。

人类成功的大敌，是不正确的思想方法，是以沮丧的心情来怀疑自己的生命。其实，生命中的一切事情全靠我们的勇气，全靠我们的自信，全靠我们对自己有一个乐观的态度。唯有如此，方能成功。然而一般人处于逆境的时候，或是碰到沮丧的事情之时，或是处于充满凶险的境地时，他们往往会恐惧、怀疑、失望，这些负面情绪占据了自己的心灵，便丧失了自己的意志，以致自己多年以来的计划毁于一旦。有很多人如同从井底向上爬的青蛙，辛辛苦苦向上爬，但是一旦失足，就会前功尽弃。

突破困境的方法，首先在于要清除掉胸中那些不利于快乐和成功的负面的东西，其次在于要集中思想，坚定意志。只有运用正确的思想，并抱有坚定的信念，才能战胜一切逆境。

一个在思想心智上训练有素的人，能够做到这样，他们会在几分钟内便从忧愁的思想中解脱出来。但是大多数人的通病是：不能排除忧愁去享受快乐，不能消除悲观，以乐观的心态看世界。他们把心灵地大门紧紧的封闭起来，虽然费力地在那里挣扎，却没什么成效。

人在忧郁沮丧的时候，要尽量调整自己的情绪。无论发生任何事情，对于使自己痛苦的问题，不要过多地去想，不要让它再占据你的心灵，而要尽力想那些最快乐的事情。对待他人，也要表现出最仁慈、最亲切的态度，说出最和善、最快乐的话，要努力以快乐的情绪去感染你周围的人。这样做以后，思想上黑暗的影子必将离你而去，而那快乐的阳光将照亮你的未来的人生。

负面性格之五：贪婪

　　这种类型的性格特点是：眼中只看见钱财、名利、美色。在金钱、权力和美色的诱惑面前，总会丧失正常的判断能力，轻而易举地受骗上当。贪婪使人忘却一切，甚至自己的人格，令自己丧失理智，利令智昏，做出愚蠢的行为。殊不知："人心不足蛇吞象，世事到头螳捕蝉。"

　　春秋战国时，郑庄公的母亲姜氏与他的弟弟共叔段就是这样一个典型的例子。

　　春秋战国时期，郑武公娶了申侯的女儿姜代做夫人，生了寤生和共叔段两个儿子。姜代生寤生时，是难产，因此受了很多罪，也受到了惊吓，所以姜代非常讨厌这个儿子，还给他起了一个难听的名字——寤生。而共叔段自小就聪明伶俐，又长得一表人才，所以姜氏把他当作心肝宝贝，一直想立他为太子，并多次向武公请求，可是武公都没有答应，因为武公觉得立长不立幼这是祖宗留下的规矩，是天经地义的事情，所以不管姜氏怎么请求，武公还是立大儿子寤生做了太子。公元前744年，郑武公去世，寤生即位，他就是郑庄公。可是姜氏并不死心，还是想办法要让共叔段统治郑国。她首先给共叔段争了一个重要的地方，作为发展势力的根据地。一天，她向庄公请求把"制"这个地方分给共叔段!庄公知道母亲用意,他深知"制"是个险要的地方,怎么能让共叔段去统治?他于是对母亲解释说:"'制'是个险要的地方,从前虢叔当东虢国君的时候,只是依靠'制'的山高地险,不修德政,被我们桓公消灭了。"姜氏听了很生气,庄公看母亲生气了,马上说:"如果共叔段要别的地方,我一定照办。"姜氏没有办法,只好要求把京这个地方分给共叔段,庄公虽然不想给,因为京虽然在边境,可是个土地肥沃、物产丰富的好地方,这样的地方给了共叔段,他害怕共叔段会趁机发展自己的势力。可是母亲既然这样要求了,他只好答应了。共叔段住到京,人们把他叫作京城太叔。母亲的宠爱早就养成了共叔段贪婪和野心勃勃的个性,他对没能掌握郑国的大权痛恨不已,他要利用京这块根据地,发展自己的势力,将来与寤生比个高低。

然而,聪明的庄公对于姜氏的心思和共叔段的野心其实早已心知肚明。但他不动声色,仍一如既往,宽厚而仁慈地对待母亲和弟弟,他心里也早就谋划好了应对的策略,要等到共叔段的野心充分暴露出来,等到时机成熟时,一举消灭他。

庄公暗中派出许多人去密切关注共叔段的动向。庄公那些忠心耿耿的大臣们,一心一意维护国君的利益,他们并不知道庄公的良苦用心,他们眼见共叔段得到了京这块地盘,都很着急,纷纷对庄公说应该削弱共叔段的力量,但庄公却无动于衷。

共叔段到了京之后,又要求西部和北部边境都归属于他,都要听从他的命令。郑庄公还是不动声色,共叔段以为庄公还蒙在鼓里,不免自鸣得意,更加紧扩张自己的势力范围,把西部、北部边境划入自己的领地,将地盘一直扩展到廪延。公子吕急忙跑到庄公那儿说："现在赶快收拾共叔段吧，他的地方多了就难以对付了。"庄公却胸有成竹地说："做不义的事，没有人和他亲近，地方占得再多，也得失败。"庄公又得知，共叔段修葺了城郭，准备了许多粮食，修理了作战兵器，扩充了战车和步兵，并且和姜氏约好了时间，准备袭击郑国的都城，等共叔段来的时候，姜氏就派人打开城门接应共叔段，庄公觉得消灭共叔段的时机到了。公元前722年，郑庄公派大夫公子吕率领兵车300辆，攻打共叔段，庄公率领大军随后接应。共叔段手下的人四处逃散，军队不战自溃，共叔段战败自杀。

失势的姜氏在事情败露后，也被忍无可忍的庄公囚禁，并发狠许下只能"黄泉相见"的毒誓。虽然，最后在臣子们的劝谏下母子勉强合好了，但母子间那道厚厚的心墙却是越筑越高。

贪婪让人间最美好的感情——亲情，荡然无存。

负面性格之六：萎靡

世间有一种最难治也最普遍的毛病就是"萎靡不振"，它往往使人完全陷于绝望的境地。

一个年轻人如果萎靡不振，那么他的行动必然缓慢，脸上必定毫无生气，做起事来也会弄得一塌糊涂、不可收拾。他的身体看上去虚弱不堪，浑身软弱无力，仿佛一碰就倒似的，整个人看起来总是糊里糊涂、呆头呆脑、无精打采。

谁都不愿意与那些颓废不堪、没有生气的人来往。一个人一旦有了这种坏习气，即使后来幡然悔悟，他的生活和事业也必然要受到很大的打击。

遇事畏畏缩缩、瞻前顾后无论对成功还是对人格修养都有很大的伤害。这样的人一遇到问题往往东猜西想，左右思量，不到逼上梁山之日绝不作出决定。久而久之，他就养成了遇事不能当机立断的习惯，他也不再相信自己。由于这一习惯，他原本所具有的各种能力也会跟着退化。

一个萎靡不振、没有主见的人，一遇到事情就习惯性地"先放在一边"，说起话来又是吞吞吐吐、毫无力量，更为可悲的是，他不大相信自己会做成好的事业。反之，那些意志坚强的人，能坚持自己的意见和信仰。如果你遇见这种人，一定会感受到他精力的充沛、处事的果断、为人的勇敢。这种人认为自己是对的，就大声地说出来，遇到确信应该做的事，就尽力去做。

对于世界上的任何事业来说，不肯专心、没有决心、不愿吃苦，就绝不会有成功的希望。获得成功的唯一道路就是下定决心、全力以赴地去做。

整天总是无精打采、处理事情拖泥带水的人，从来无法给别人留下好的印象，也就无法获得别人的信任和帮助。只有那些精神振奋、踏实肯干、意志坚决、富有魄力的人，才能在他人心目中树立起威信，而那些不能获得他人信任的人是无法成功的。

世界上有很多人都埋怨自己的命不好：别人为什么能够成功，而自己却一点成就都没有呢？其实，他们不知道，失败的原因在于他们自己，比如他们不肯在工作上集中全部心思和智力；比如做起事来，他们无精打采、萎靡不振；比如他们没有远大的抱负，在事业发展过程中也没有去排除障碍的决心；比如他们没有使全身的力量集中起来，全力以赴地投入工作。

以无精打采的精神、拖泥带水的做事方法、随随便便的态度去做事，不可能有成功的希望。只有那些意志坚定、勤勉努力、决策果断、做事敏捷、反应迅速的人，只有为人诚恳、充满热忱、朝气蓬勃、富有思想的人，才能把自己的事业带入成功的轨道。

负面性格之七：狭隘

这种类型的性格特点是：不自量力、妄自尊大，嫉妒心强，常常嫉妒别人的才干和能力；心胸狭窄，常常为了一些非原则的、不值得一提的小事斤斤计较；报复心强，常常采用极端的报复手段，使得报复这把双刃剑既伤害了对方，也伤害了自己。

在战国时期，秦国的宰相李斯就是这样的一个典型。他集大学者、大权谋家、大政治家诸多身份于一身。但他的心胸非常狭窄、善妒，有着极强的权力欲。这在司马迁的《史记·李斯列传》中就有记载。

李斯经过自己的一番打拼在秦国站稳了脚跟，秦王非常信任他。

他步步高升，前途无可限量。这时，李斯的同学韩非也来到了秦国，这对李斯来说，是个极大的挑战。

韩非是韩国人，韩王的同族。他学识渊博，思维敏捷，是战国末期的一位大思想家。他的学说发展了荀子思想中"法治"一面，同时把慎到的"势"、商鞅的"法"、申不害的"术"结合起来，形成了一套较为完整的君主专制理论。他著作极丰，先后写出《孤愤》《五蠹》等文著。传到秦国后，秦王见而惊呼，大喊："我若是能见到此人，和他交游，死而无憾。"后来秦国攻打韩国，形势危急，韩王不得不起用韩非，让他出使秦国。就这样，韩非来到了秦国。

韩非的到来，无疑对李斯构成了极大的威胁。李斯明白，不论是学术能力还是政治外交能力，自己都远不如韩非。现在秦王把他留下，是否重用他，还未决定，不过一旦重用，自己就不会再有出头之日了。李斯善妒的心理让他不顾一切，为了个人的功名利禄，决定及早除掉韩非。他对秦王说："韩非是韩王的亲族，大王现攻打韩国，韩非自然不会同意，爱韩不爱秦，这是人之常情。"秦王说："既然不能用，那就放走他吧！"李斯的目的是要赶尽杀绝，他又对秦王说："如果放他回韩国，他定会为韩国出谋划策，这对秦国十分不利。不如趁他羽翼未成之时将他杀掉。"秦王听信了李斯的话。李斯就送给韩非毒药，令他自尽。韩非深知李斯善妒、狭隘的个性，是决计不会对自己网开一面的，就饮毒自杀了。

李斯的确很有能力，但善妒的性格也让他容不得别人。只要与自己意见不同的人，李斯总会想办法来对付他的。淳于越也是个很有能力的人，他一再上书坚持实行分封制，这激怒了秦始皇，秦始皇遂把他交给李斯处理。而李斯审查的结果，认为淳于越泥古不化、厚古薄今、以古非今等罪状全是由于读书尤其是读古书的缘故，竟建议秦始皇下令焚书。按照李斯的规定，凡秦记以外的史书，包括诗、书、诸子百家等书都要统统烧掉，只准留下医药、卜筮、种树之书。此后，如果有人再敢谈论诗书，就在闹市区处死，并暴尸街头；有敢以古非今的人，全族处死；官吏知道而不检举者，与之同罪；下令30日仍不烧书者，面上刺字，并征发修筑长城。毫无疑问，这是对中国文化的一次大摧残。在焚书的第二年，即公元前212年，秦始皇对书生进行了一次更大的迫害。他下令将咸阳的儒生460多人活埋，即为"坑儒"事件。

"焚书坑儒"是中国历史上的重要事件，不仅给中国文化造成了极大的损失，也是对人类文明的一次极大的污辱摧残，是对人的尊严的残酷迫害。这件事固然与秦始皇的暴政主张分不开，但李斯出于个人的目的而借题发挥，乃至无中生有确实也起了推波助澜的作用。在今天看来，李斯之所以这样做，一方面是为了迎合秦始皇的心理，把秦始皇所要做的事情推向极端；另一方面恐怕也是为了从精神到物质上彻底消灭自己的竞争对手，使天下有才之士望秦却步，李斯也就可以独行秦廷了。

李斯的目的应该说是达到了，但作为学者出身的李斯竟能这样背叛文化、残害文化，实可谓良知泯灭，天良丧尽。

公元前210年，秦始皇病死于出巡途中，赵高和李斯串通害死了太子扶苏，扶胡亥继位。赵高和李斯本是相互利用的关系，日后的钩心斗角、排除异己也就势在必然。

胡亥令李斯受五刑、诛三族。李斯的子弟族党一并逮至市曹。

李斯哭着对次子说："我想和你再牵着黄犬，出上蔡东门，追捕狡兔，已不可能了！"李斯身受酷刑而死，其余族党一并处斩。

由此可见，善妒、狭隘的性格不但害己，而且还会连累家人遭殃。这样的性格足以毁掉一个人，希望后人都能警醒，并以此为鉴。

负面性格之八：奢华

这种性格的特点是：爱面子，讲排场，即使囊中羞涩也要硬充大款。一旦发迹之后更是极尽奢华之能事，大有千金散尽还复来的派头。这种性格必将成为其创业之初的最大障碍。

有许多年轻人每月拿到工资之后总是花个精光，他们从来不愿存一分钱。染上了这种习气的年轻人如果不思悔改，将来到了老年，晚景可能会很凄凉！

许多年轻人往往把他们本来应该用于发展他们事业的必备资本，用到抽烟喝酒上，常去舞厅、戏院等无聊的地方。如果他们能把这些不必要的花费节省下来，日积月累，一定大为可观，可以为将来发展事业奠定一个资金上的基础。

很多人脑子里没有节约的意识，花钱如流水一般，胡乱挥霍，这些人似乎从不知道金钱对于他们将来事业上的价值。他们胡乱花钱的目的好像是想让别人说他一声"阔气"，或是让别人感到他们很有钱。

当他与女友约会时，即使是在隆冬季节，他也非得买些价格很贵的鲜花不可。他却从来不曾想到，要这样费尽心机、花费钱财追来的老婆，将来绝不会帮他积蓄钱财，而必定也是花钱如流水、挥金如土的"月光族"。

这样的人一旦用钱把脸面撑起来后，一切烦恼苦闷的事情就会接踵而至。为了顾全面子，他们就再也不能过节俭日子了。他们也不会认识到自己已经沦落到什么样的地步了。有些人入不敷出以后，就开始动歪脑筋，甚至挪用公款来弥补自己的财政缺口，久而久之，耗费愈大，亏空也就愈多，慢慢地就陷入了罪恶的深渊，难以自拔。到了这时，他才想到自己不该胡乱花费，不该因此干那些违背天理良心的事情，不该挪用公款，可是为时已晚！为了满足这种爱慕虚荣、讲排场的恶习，不知有多少人到头来要挨饿，甚至有很多人因此丢了性命，更有无数人因此而丢了前程！

当然，节俭不等同于吝啬。然而，即使是一个生性吝啬的人，他的前途也仍然大有希望，但如果是一个挥金如土、毫不珍惜金钱的人，他们的一生可能将因此而断送。不少人尽管以前也曾经刻苦努力地做过许多事情，但至今仍然是一穷二白，主要原因就在于他们没有储蓄的好习惯。

有一些人年轻时从来不存钱，人到中年以后仍然是不名一文。万一丢掉了工作，又没有朋友再去帮助他，那么他就只好流落街头，无所着落。他要是偶然遇到一个朋友，就不断地诉苦，说自己的命运如何不济，希望那个朋友能借钱给他。这样的人一旦失业找不到工作就很容易弄到穷困潦倒的地步，甚至到了寒冬沦落到可能会挨冻而死的地步。他之所以要吃这样的苦头，就是因为不肯在年轻力壮时储蓄一点钱。他似乎从来没有想到过，储蓄对他会有怎样的帮助，也从来不懂得许多人的幸福都是建立在"储蓄"两个字之上的。

为什么有那么多人如今都过着勉强糊口的生活呢？因为这些人不懂得少享些安乐、多过些清苦的日子。他们从来不知道去向那些白手起家的伟大人物学一学；他们从来不懂得什么叫自我克制，无论口袋里有多少钱都要把它花得分文不剩；他们有时为了面子，即使债台高筑也在所不惜。

一个人有挥金如土的毛病是不会成就什么大业的，挥霍无度的恶习恰恰显示出一个人没有大的抱负、没有希望，甚至就是在自投失败的罗网。这样的人平时对于钱的出入收支从来漫不经心、不以为然，从来不曾想到要积蓄金钱。如果要成功，任何人都要牢记一点：对于钱的出入收支要养成一种有节制、有计划的良好习惯。

第四章
性格与财富之间的关系

财富,在当今社会上是一个炙手可热的话题,我们每个人都想拥有财富。性格能导致贫穷也能吸引财富。性格决定了命运,命运决定了财富,财富造就了人生。

敢为型性格与财富

敢为型由于其性格的特点决定了他们更容易获得财富的青睐。

敢为型性格的特点：具有强烈的好奇心，勇于冒险，敢作敢为，有决心，有勇气，只是有时容易冲动，易给人形成轻浮、莽撞的印象。这一类型的人一般都擅长交际和应酬，常常给人以平易近人之感。

世界保险业的巨子克莱门托·斯通于1902年5月4日出生于美国芝加哥的一个贫困的家庭中，父亲很早去世，由母亲将他抚养成人。

斯通10多岁时就开始帮助母亲从事保险业工作。母亲让他去每间办公室争取顾客，斯通感到害怕，站在办公大楼外面的人行道上，两条腿直发抖，这时候最能给斯通以鼓励的一句话就是"勇敢地去做，没什么好怕的"！正是在这句话的鞭策之下，斯通才有勇气从一个办公室进入另一个办公室。

20岁时，斯通建起了自己的"联合保险代理公司"，而且第一天就拉了54份保单。当时，许多人都对"联合保险代理公司"的前途持怀疑态度，斯通却一往无前地将他的公司一扩再扩，从美国的东海岸一直发展到西海岸，还雇用了1000名保险推销人员。

就在斯通的事业蒸蒸日上的时候，大萧条的寒流席卷了美国，许多中小工商业倒闭，人们都想把钱存下来以备将来更艰难的日子，再也没有人想到斯通的保险公司去投保了。

斯通冷静地面对现实，他认为："如果你在困难的时期以决心和乐观来应付，总会慢慢渡过难关并有所收获。"斯通把自己的想法灌输给自己的部下——如今，推销队伍只剩下 200 人，他带领着部下艰难奋战。

1930 年，一度十分兴盛的宾夕尼亚伤亡保险公司因不景气而停业，并愿以 160 万美元出售。

斯通得到这一消息，决心乘此良机将该公司买下来，但是，他没有这么多钱，他对自己说了句"现在就做"，带领律师走入了巴的摩尔商业信用公司董事长的办公室 (宾夕尼亚伤亡保险公司归该公司所有)。

"我想买你们的保险公司。"

"很好，160 万美元。你有这么多钱吗？"

"没有，不过，我可以借。"

"向谁借？"

"向你们借。"

这真是一桩不可思议的买卖。但是，经过多次洽谈，商业信用公司还是同意了。

克莱门托·斯通买下宾夕尼亚伤亡保险公司后，苦心经营，终于将一家微不足道的保险公司发展成为今日的美国联合保险公司，斯通本人也跻身于美国富翁之列，其财产至少在 5 亿美元以上。

虽然财富不是衡量一个人成功的唯一标准，但至少可视作成功的标准之一。敢作敢为是成功者具备的特质之一。他们有魄力、有胆识，面对机会能果敢地抓住并利用好它，在自己的事业蒸蒸日上的同时，也为自己的人生创造了一个又一个的辉煌。

思考型性格与财富

善于思考的人由于其性格的特点决定了他们比别人更多一些成功的胜算，所以获得财富会更容易。

思考型性格的特点：勤于思考，对事物有自己独特的见解。这种类型的人一般做事比较谨慎、认真，具有强烈的责任心，唯一的缺点是时常以自我为中心，缺乏与他人真诚的沟通与交流，因而有些消极和悲观。

一个易于慌乱、一遇意外事便手足无措的人，必定是个懦夫。这种人一旦遇到重大的困难，便很容易退缩导致失败。只有遇到意外情况不慌张、镇定自若、从容应对的人，才能担当起大任。

在很多机构中，常见某位能力平平、业绩也不出众的雇员担任着重要的职位，他的同事们便感到惊异。但他们不知道，雇主在选择重要职位的人选时，并不只是考虑职员的才能，更要考虑到头脑的清晰、性情的敦厚和判断力的健全。他深知，自己企业的稳步发展，全赖于职员的办事镇定和具有良好的判断力。

第四章 性格与财富之间的关系

一个头脑镇静的伟大人物，不会因处境的艰难而有所动摇。经济上的损失、事业上的失败、生活上的艰难困苦，这些都不能使他失去常态，因为他是头脑镇静、信仰坚定的人。同样，事业上的辉煌与成功，也不会使他骄傲轻狂，因为他安身立命的基础是牢靠的。

在任何情况下，做事之前都应该有所准备，要脚踏实地、未雨绸缪，否则，一到困难临头，便要慌乱起来。当人家都慌乱，而你能保持镇定之时，这就给予你极大的力量，你具有了很大的优势。在整个社会中，只有那些处事镇定、临危不乱的人，才能应付大事、成就大事。而那些情绪不稳、时常动摇、缺乏自信，危机一到便掉头就走，一遇困难就失去主意的人，只能过一种庸庸碌碌地度过一生。

一个处理事情镇定自若、从容自如的人，必定有着和谐的思想。一个思想偏激、头脑片面发展的人，即使在某个方面有着特殊的才能，也总不如和谐的思想来得好。头脑的片面发展，犹如一棵树的养料全被某一枝吸去，那根枝条固然发育得很好，但树的其余部分却枯萎了。

如果你想做个能得到他人信任的人，要让别人认为你头脑镇定、判断准确，那么你一定要努力做到事事处理得当、冷静对待。很多人做事时，尤其是做烦琐的小事时，往往敷衍了事。本来应该做得好些，可是他们却随随便便，这样无异于减少他们成功的可能性。还有很多人有了困难，往往不经周密的思考和判断，却总是贪图方便草率了事，使困难不能得到圆满的解决。

如果你能常常去做你认为应该做的事情，而且竭尽全力去做，不受制于自己那贪图安逸的惰性，那么你的品格与判断力必定会大大地增进，而你自然也会被人们所认可，成为"头脑清晰、判断准确"的人。

现代生活节奏加快了，可别忘了抽出一点时间供自己思考，懂得花时间用头脑思考，是现代社会对人们提高素质的基本要求。

意大利商人史蒂文随旅行团来中国旅游。他看见一大清早街上有很多人慌慌忙忙地挤车赶着去上班，他不解地问导游小姐："这些人怎么那么慌张，他们一天上班几个小时？"

"至少8个小时，加上路上所用时间得10个小时。"导游答道。

"他们一天真有那么多事要做吗？要花那么长时间？"史蒂文感到有点莫名其妙。

"大家都是这样，"导游小姐说，"你们经商的不也是非常忙碌吗？"

"并不是你想象的那样。"史蒂文先生慢条斯理地说，"真正有办法的人，也可以说是聪明人，他们生活都过得既清闲又富裕。因为他们肯动脑筋，做1小时的工作所得的报酬超过一般人做10小时所得的报酬。你想想，一个人如果成天忙于某一件事，累了就睡，睡醒又开始紧张地工作，如此一来，没有一点清闲时间供自己思考，又怎么会谈得上有新的创见呢？因此，我认为，每天除了必须的工作时间外，务必要抽出一定时间来思考改善目前状况的计策。如果每个人都注重思考，并且一有具体的方法就立刻试着去做，我相信任何人都不会平淡无奇地度过一生的。"

有一家公司的总经理时常在周末去打保龄球或健身，他的目的就是想摆脱紧张的工作，生活中的一部分应是思考、反省和想象。

我们每个人都应该养成善于思考的习惯。可以说，思考伴随人的一生。失败的时候，需要冷静思考；成功以后，更需要继续思考；困惑面前，需要积极思考；人生转折的关键时刻，更需要认真思考；众议迭出、莫衷一是的时候，更需要全面的思考。

思考，让困惑随风而去。

社交型性格与财富

社交型性格的人善于交际，故有着强大的关系网络，他们获得的信息更广泛，所以获得财富的途径也更广泛。

社交型性格的特点：活泼、外向、喜欢交际、热情、爽快、富有爱心。这种类型的人都具有强烈的表现欲，并且能言善辩，适应能力较强。但是，因为过于热衷于交际的缘故，这种性格的人有时会给人以浅薄之感。

吸引他人最好的方法，就是要使自己对他人的事情很关心、很感兴趣。但你不能虚假，你必须真的对别人关心、对别人感兴趣。

社会交往能增强一个人的能力。一个人的接触面愈广，那么他的知识水平、道德修养也会随之提高到一个新的层次。如果与人断绝来往，那么他的一切能力就会减弱。所以，人应该不断地从他人的身上学习长处，参与各种团体活动，获得各种精神上的食粮。

同伟大的杰出人物接触，往往会增加自己的知识才能。

经常同他人合作，一个人就能发现自己新的能力；如果不去和他人合作，有些潜在的力量是永远发挥不出来的。

无论是谁，只要他耐心去聆听，他所交往的人总愿意向他透露若干信息，给予他一定影响。有些信息对他而言可能是闻所未闻，但足以影响他的前程，如果这时他选择吸收，将会对他极有帮助。没有一个人在孤身一人的环境里能发挥出他自己全部的能量，而别人常常会成为自己潜能的启发者。

我们大部分的成就很大程度上总是受他人的有益影响。他人常常在无形之中把希望、鼓励、帮助无私地奉献给我们，常常能在心灵上安慰我们，在精神上激励我们。

一个人不管有多少学识，无论有多大成就，如果不具有合群的性格，不能同别人互相往来，不能培养对他人的丰富同情心，不能对别人的事情发生一点兴趣，不能辅助别人，也不能与他人分担痛苦、分享快乐，那么他的生命必将孤独、冷酷，人生就会毫无乐趣。

人应该多和各方面高过自己的人接触交往，和一些经验丰富、学识渊博的人接触交往，这样就能使自己的人格、道德、学识方面受到好的熏陶，从而得到提高，使自己具有更美好的理想和更高尚的情操，激发自己在事业方面更加努力奋斗。

不去和超越自己的人接触，实在是个很大的错误，那是因为他们还没有体验到社交对自己生命的益处。与一个能更加焕发我们生命中真善美潜质的人交往，其价值要远胜于获得名利的机会，因为这样的交往能使我们的力量增加百倍。所以，社会交往、与他人的沟通交流中都蕴藏着巨大的效益。

社会上有许多靠着朋友的力量而成功的人，如果能把他们的成功过程——加以研究，其实是一件很有意义的事情。一位作家说过这样的话："现代社会，人们完全靠一个规模庞大的信用组织在维持着，而这个信用组织的基础却是建立在对人格的互相尊重之上。"他还说："谁也无法单枪匹马在社会的竞技场上赢得胜利、获得成功。换句话说，他只有在朋友的帮助和拥护下，才不至于失败。"

华尔顿正是靠着他的爱心、热情、善于团结别人以及出色的激励机制才取得了事业的巨大成功。

华尔顿是靠经营小商店发家的。他最初在阿肯色州开了一家小商店，由于经营得当，现已拥有1000多家分店，经营体系遍布全美各地。据美国一份权威性的杂志《福布斯》分析：华尔顿已是全美国最富有的富翁之一。

华尔顿的经营管理方式很独特：他的1000多家分店全都分布在人口只有两三万的小城镇中，考虑到小城镇中下层人们的实际经济情况，他所卖的商品都是中低档廉价的生活必需品，并且让售货员上门推销。华尔顿在招收新职员的时候，要求他们必须购买本公司的股票，以使所有职员产生向心力，让他们时刻感到：我工作不但是为公司赚钱，同时更是为了自己，因为自己的命运是与公司的命运紧密相连的。华尔顿面目和善，常常面带微笑，给人一种和蔼可亲的感觉。他称他的职员是"同事"而非"雇佣的员工"。他经常巡视他的小商店，以至经理办公室常常没人。他激励属下好好干，争创一流，公司职员均把他当作可亲可敬的父辈，工作起来很是卖力。他也常在停车场或街上询问顾客，问他们在店中是否受到热情周到的接待，有什么想买而买不到的东西，是否喜欢镇上的商店，店中卖的商品价格是否合理，等等。

面对这位慈眉善目的白发老人，人们往往停住脚步，无所顾忌地向他讲出心里话。华尔顿则根据这第一手资料来切实改善商店的经营范围和经营作风，尽力做得使顾客满意。正是这种独特的经营方式和经营作风，使他的商店赢得了顾客，同时，也给他带来了丰厚的利润。

华尔顿在建立激励机制方面具有突出的成绩，这也是他成功的重要条件。他为了使店员们都自觉地有所成就，在物质上给予有成绩者加薪奖励；在精神上，发一些徽章和绶带之类的纪念品，并且建立了"光荣榜"制度，每周都有几个店荣登金榜。与此同时，他又组建"打击队"，对上榜的店进行突击检查，看他们是不是无愧于"光荣榜"。他的这种激励机制大大增强了店员的责任感和荣誉感。一次，在他召开职工大会时，他突然站起来高呼："谁是全国第一？"所有职员都齐声回答："华尔顿连锁店。"

"多个朋友多条路"，再顶天立地的英雄，离开别人的帮助也将一事无成。

务实型性格与财富

务实型性格的人不急躁冒进，善于稳扎稳打，因此决定了他们在获取财富时也是稳扎稳打，一步一个脚印，稳中求胜是他们的优势所在。

务实型性格的特点：与幻想型的人截然不同的是，务实型性格的人总是表现得稳健务实，凡事都以实用与否为准则。这种类型的人做事真诚、实在，缺点是时常只顾眼前利益，缺乏长远的目标和计划。

要说谁是世界酒店业的龙头老大，那大概非希尔顿莫属了。事实上，没有谁能够真正知道希尔顿拥有多少财富，但从这个富翁所拥有的酒店王国的规模来看，称他为世界"酒店之王"一点也不过分。

希尔顿在全世界拥有的豪华酒店除了分布在美国外，在波多黎各、巴拿马、墨西哥、西班牙、土耳其，在布鲁塞尔、悉尼、曼彻斯特、香港等地到处都可以感受到希尔顿的酒店在家门口的辐射力。

然而，鲜为人知的是，出身寒微的希尔顿从一生下来就讨厌酒店，那么，是什么原因促使他从事酒店业的呢？又是什么原因使他的事业蓬勃发展起来的呢？

希尔顿原来开了一个只有5个房间的小旅馆，工作的艰辛和就业的压力使当时只有20岁的希尔顿打算开银行。然而，他的银行刚开张不久，第一次世界大战爆发了，他被迫放弃银行生意参了军，以中尉军官的身份开赴海外作战。战争结束时，他退役回家，带着5000美元的退役金，他想在银行界求发展。可是无情的现实又一次击碎了他的梦想：银行的利息只够混饭吃，哪来钱实现自己的伟大抱负？

就在他束手无策时，他得知得克萨斯州发现了石油，有人在那里采挖石油，一夜之间就成了百万富翁。这个消息使希尔顿怦然心动，他想冒一次险。于是，年轻的希尔顿筹集了37000美元的资金来到了得克萨斯州的塞斯库镇，这是当时石油开发区的一个新兴城镇。但是，他一踏上塞斯库镇就感到失望了，他这点钱用于石油开采简直是杯水车薪。此时的希尔顿已经31岁了，而立之年仍无所成就，甚至还没有确定自己事业的方向，一想起这些他就烦躁不安。他想，也许只有脚踏实地地干下去才能摆脱现在窘困的状况。

这一天，闲逛了一天的希尔顿又困又乏地来到一家叫玛布雷的旅馆里，想找个房间休息一下，但旅馆已客满，每个房间不单住满了人，而且店里还规定一个房间一天一夜分3次出租，每个人只准住8个小时，也就是说，住一天一夜就要付其他地方旅馆的3倍房租。尽管如此，很多找不到房间的人宁愿花这样的钱睡在旅馆的桌子上。

这种情况使希尔顿非常吃惊，他以前开的旅馆可从没出现过这种情形。在同店老板聊天中，得知他打算卖掉这个店去采挖石油。希尔顿此时已决定旧业重操，他同店老板商谈，一口敲定下来，用他身上的37000美元买下了玛布雷旅馆，为他未来的酒店王国奠定了一个初步的基础。

希尔顿有句名言叫："最低的消费，最高的服务。"他非常注重社交礼仪和改善服务质量。他的玛布雷饭店经过重新装修开张后，一个女顾客向他提出抗议，她说厕所门上写"女人"而不写"女士"是对她的侮辱。希尔顿听了之后连连向她道歉，并立即派人把"女人"改成"女士"，还把男厕所的"男人"改成"男士"。

希尔顿有一个伟大的发展计划，他决定每年建造或购买一个旅馆，并以德克萨斯州为中心向各地扩展。

第四章 性格与财富之间的关系

希尔顿的经营才华在他建造达拉斯希尔顿酒店时就已显露出来。这个饭店的建筑费用要 100 万美元,然而希尔顿没有那么多钱,工程开工不久就因资金不足而停建了。希尔顿对此并没有惊慌失措,他找到卖地皮的大房地产主杜德,凭着他想当国会议员时练就的口才,三言两语竟说得对方按照他设计的结构将房子盖好,然后再以分期付款的方式把房子卖给他。

这事听起来似乎不可思议,但细一分析也就不足为怪了。希尔顿和杜德以前没有什么交情,他告诉杜德,假如他的房子不能如期建成,那么杜德那些附近的地皮价格就会下降;假如人们认为已经颇有财力的希尔顿停止施工是在考虑另迁新址,那么杜德的地皮就更不值钱了。而假如杜德出钱先把房子盖起来,人们不但认为希尔顿财力不凡,而且认为他眼力好,会选择地皮,杜德的其他地皮的价格一定会猛涨的。靠房地产吃饭的杜德思量再三,权衡利弊,终于答应了希尔顿的建议。

1949 年,希尔顿吞并了当时著名的华尔道夫大饭店,事业上达到巅峰。他通过建造、购买的方式把他的事业向海外发展,从而建立起他的"酒店王国"。

作为一个庞大"王国"的位尊者,希尔顿有他的一套成功的管理经验,那就是重用有才干的年轻人,注重酒店信誉。在他的"酒店王国"中有大约 3 万多名工作人员,其中多数管理干部都是从基层人员中选拔出来的。对于优秀的干部委以重任,让他们在自己的职权范围内各尽所能,各施所长。若是有人犯了错误,他总是把那个人叫到房间里,先安慰几句,然后指出错误的原因和改正的方法,鼓励他们好好干。但是,如果谁犯了冒犯顾客的错误,希尔顿是绝不会放过的。他经常告诉职员要尽一切可能使顾客产生"宾至如归"的感觉，冒犯顾客就毁了"王国"的信誉，希尔顿对这种事是绝不容忍的。

务实是一种作风，一种认认真真、实实在在、不骄不躁的作风，这是做人做事得以稳健发展的基础和前提。务实是"以不变应万变"，它能够把大量稍纵即逝的机会变成实实在在的成果。务实应该成为我们每个人的工作作风，"踏踏实实做事，老老实实做人"应该成为我们的座右铭。

创造型性格与财富

创造型性格的人属于各行各业的领导人物，如比尔·盖茨就是一个创造天才，他用自己充满创作天才的智慧头脑缔造了一个"微软神话"。

创造型性格的特点：喜欢标新立异，厌恶陈规陋习。对新生事物本身的兴趣要远远大于对其实际功用的兴趣。所以，创新永远是他们不懈的追求。这种性格的人唯一缺点是其兴趣难以持久，容易给人一种朝三暮四的印象。

当杜邦在法拉格特将军面前述说之所以未能攻陷切斯登城的种种原因时，法拉格特加上了一句："此外还有一个原因你没有提到，那就是你不相信你能做成那件事。"

一个人如果不相信自己能做那件从未做过的事，他绝对做不成。只有领悟到这一点，依靠他人的帮助，不断努力，才能成为杰出的人物。所以，任何人都要有坚强的意志和自信心，要相信自己。

巴罗·罗特希尔德一生的座右铭是"勇往直前"，这也是世界上大多数成功者的秘诀。

在每一个时代、每一个国家，都有靠自己闯出一条新路的伟大人物，比如斯蒂芬孙、贝尔、莫尔斯、爱迪生、莱特等人，他们都是闯出新路的健将。

勇敢和创造力是进取者必须具备的特点，在人类的历史上，只有那些相信自己、做事勇往直前而富有创造力的人，还有那些具有冒险精神的人，才能最终成就伟大的事业。依赖他人、模仿他人的人，无论他所效仿的偶像多么伟大，他也不会成功。成功不可能出自于完全的借鉴和模仿，只有出于自己的创造，才能达到真正成功的境地。

普天下的人都敬仰那种在众人面前昂首挺胸能够大步向前、善于表现自己的人，所以，人人都应该为自己闯出一条新路，发挥自己的才能，否则就不会走向成功。唯有惊人的创造才会吸引他人的注意。

无论你从事何种职业，千万不要去模仿他人、追随他人，不要做人家已经做过的事情，要做那些新奇独特的事情，要敢于走出一条属于自己的道路。

你该立下志愿，不管你在世界上的成就大小，但一定要取得一点成就，并且一定要是开创性的成就。不要担心以自己特殊的、勇敢的方式来显露你自己的真面目，要知道，创造才是力量、才是生命，而模仿就是死亡。

能够使自己的生命延长的人，绝不是由于模仿，而是由于创造；不是由于追随，而是由于领导。你应当立志做一个有主张的人、一个有思想的人、一个时刻追求进步的人、一个具有创造力的人，这样的人，在这个社会上随处都有他的地位。

这个社会真正敬仰的是那些有创造力并且能够闯出新路的人。比如，律师用独到的见解来办理诉讼；教师用新的方法来教育学生，等等。这些做法都是有创造力的做法。

努力创造，去做一个时代的新人，不要一味地模仿自己的父辈和亲友。大自然赋予每一个人、每一样东西一种特殊的品质，所以每一个人也应该做一项创造性的工作。如果只知道去抄袭别人、模仿别人，做别人做过的事情，那就是对自己神圣职责的背离。

"汽车大王"亨利·福特的福特汽车制造公司生产的T型车曾因其领先于当时其他汽车的性能和低廉的价格而风靡世界。

到了20世纪20年代，T型车的销售量却急剧下降，变得不景气。

由于美国汽车工业已经到了全面腾飞时期，各大汽车公司纷纷推出色彩艳丽的新型汽车，满足了消费者的不同需要，销路很广。而福特车仍保持其单调的黑色，外观显得严肃而呆板，失去了很多市场。

面对如此严峻的形势，福特有自己独到的想法，他认为单纯将T型车简单地改为流线型与对手竞争不是上策，只要生产出的汽车外观更新颖、性能更好、价格更便宜，自然就会在竞争中取胜。

于是，福特悄悄地购买了一些废船，把它们拆了炼钢，以降低钢铁成本。之后他突然宣布生产T型车的工厂全部停工，消息一出，全国震动，引起了人们的议论纷纷。然而更令新闻界感兴趣的是工厂停工后，工人却没有被解雇，工人仍每天按时上班，工厂并没有宣布倒闭。于是报刊上经常刊登关于福特的消息，这更引起了人们的好奇和关注。其实，这时福特已经在研制生产另一种新型汽车了。关闭 T 型车生产的工厂是故意给人一种错觉，以引起人们的好奇心，以便让将要面世的新型车能吸引人们的注意力。正如福特预料的那样，半年后，当新型的 A 型车源源投入市场时，引起了空前的轰动，这是福特公司最辉煌的一次成就。由于 A 型车在 T 型车的基础上加以美化和轻便化，显得古朴典雅，使人既有几分新颖又有几分似曾相识的感觉，同时 A 型车的时速大大提高了，价格更便宜了，因此销售量剧增，战胜了所有的竞争对手，福特汽车公司也因此成为世界上最大的汽车公司。

但是，福特的成功是来之不易的。他冒的风险是巨大的，T 型车的停产浪费了近 1 亿美元的投资，另外投资新车生产又要花费近亿美元，万一新车研制不出或销路不畅，岂不元气大伤，一蹶不振？敢于知难而上和勇于创新是福特创办汽车公司风雨历程的一贯作风。

希望我们每个人在平常的生活中都能做个有心人，用心去观察，用心去领悟。如果你每天都坚持不懈地去探索，日积月累，你会更加灵活，你的工作效率会随之提高，总有一天，你会令自己都惊叹不已。所以，创新不是专家们的专利，平凡的你一样可能得到幸运之神的眷顾。在我们的周围，很多人尽管没有较高的学历和良好的天赋，但凭着细心的观察和探索，都做出了一定的成绩。别人能做到的，相信我们也能够做到。

合作型性格与财富

俗话说："三个臭皮匠，顶一个诸葛亮。"一个人的能力终究是有限的，要完成一件工作，一定是大家分工协作、互相配合的结果，善于合作者正是掌握了这一简单法则才使自己走向成功。

合作型性格的特点：善于与人沟通、合作。一般说来，这种性格的人大多性格比较温和，既不过分保守，也不过分激进。所以，他们总是能够听取各方面的意见，并且虚心接纳，以吸取其中的有价值的东西。他们之所以能够取得令人瞩目的成绩，其原因即在于此。

任何人都应该学会待人接物、结交朋友的方法，以便互相提携、互相促进、互相借鉴，否则，单枪匹马是难以成功的。

钢铁大王卡内基曾经亲自预先写好他自己的墓志铭：长眠于此地的人懂得在他开拓事业的过程中起用比他更优秀的人。

大部分成功者都有一个特点，就是善于观察别人，并能够吸引一批才识过人的良朋好友来合作，激发共同的力量。这是成功者最重要的，也是最宝贵的经验。

任何人如果想成为一个企业的领袖，或者想在事业上获得巨大的成功，首要的条件就是要有一种鉴别人的眼光，能够识别出他人的优点，并让他的优点得到充分的发挥。一位著名的商界人物，也是银行界的领袖曾说过：他的成功得益于鉴别人才的眼力。这种眼力使得他能把每一个职员都安排在恰当的位置上，而从来没有出现过差错。不仅如此，他还努力使员工们知道他们所担任的位置对于整个事业的重大意义。这样一来，这些员工无需上司的监督就能把事情处理得很圆满了。

但是，鉴别人才的眼力并非人人都有。许多在经营大事业中遭遇失败的人都是因为他们缺乏识别人才的眼力所致，他们常常把工作分派给不恰当的人去做。他们本身尽管工作非常努力，但他们常常对能力平庸的人委以重任，却反而冷落了那些具有真才实学的人，使他们的才华埋没在角落里。

其实，他们一点都不明白，一个所谓的人才并不是能把每件事情都做得很好，并且样样精通的人，而是能在某一方面做得特别出色的人。比如说，对于一个会写文章的人，他们便认为他是一个人才，认为他做管理工作来也一定不差。但事实是，一个人能否做一个合格的管理人员，与他是否会写文章是毫无关系的。他必须在分配资源、制定计划、安排工作、组织控制等方面有专门的技能，但这些技能并不是一个善写文章的人就一定具备的。

一个善于用人、善于安排工作的人很少在管理的问题上出麻烦。他对于每个雇员的特长都了解得很清楚，也能够尽力把他们安排在最恰当的位置上。但那些不善于管理的人总是会忽略这些重要的方面，而专门在那些鸡毛蒜皮的小事上大做文章，这样的人当然要失败。

美国三大汽车公司——通用、福特、克莱斯勒，它们垄断了美国的汽车工业。最初，福特汽车的市场占有率为45%，远居首位。但从30年代起，通用汽车的市场占有率超过了福特汽车。到1983年，通用汽车公司成为世界第二大工业公司，年营业额为746亿美元，净利37.3亿美元。这一年，福特汽车公司排在世界第五大工业公司的位置上，年营业额444.6亿美元，净利18.7亿美元。克莱斯勒公司更在它们之后。

福特汽车公司自1903年由亨利·福特创立后，不到10年时间便成为了世界汽车大王，福特牌汽车风行全球。通用汽车公司于1908年在美国新泽西州创立，但一直落后于福特汽车公司。后来怎么使通用汽车大大赶超了福特汽车呢？原因是多方面的，最突出的一点是通用汽车公司后来起用的决策者处事开明，能兼听各方面的建议，特别关注那些反对的建议。

通用汽车公司自从由斯隆任总裁之后，在经营决策上采取广泛听取部属的各种建议和反面意见。斯隆认为，像"通用"这样的大公司，若把所有问题的决策集中于少数领导人身上，不仅使他们终日忙于事务，无暇考虑公司的方针、政策，而且还会局限各级人员的创造精神。他要求各级人员要加强责任心，对任何决策和谋略大胆地各抒己见。他还言明这样做的目的绝非有损领导层的尊严，而是为了防止和避免决策的重大失误。

有一次，斯隆主持讨论一项新的经营方案，参加会议的各部门负责人对这项新方案没有提出任何相反意见。最后斯隆总裁说："诸位先生看来都完全同意这项决策了，是吗？"与会者都点头表示同意。斯隆却突然严肃地说："现在我宣布会议结束，这次会议讨论的问题延续到下次会议再行讨论。但我希望下次会议能听到相反的意见，这样，我们才能全面地了解这项决策的利弊。"

通用汽车公司正是因为在各项主要经营决策前善于听取各种建议和意见，使它便于对各种方案作出比较判断，从中选择最佳的方案。同时公司也做到有备无患，万一发生差错，可随时采取新对策。正因如此，"通用"牌汽车在生产、设计、营销管理等各方面处于领先地位，令美国其他汽车望尘莫及。

我们每一个人在社会的大舞台上都充当着各自角色，无论你从事什么职业，要想取得成功，都离不开别人的帮助。单独一个人想达到事业的顶峰是不可能的事情。

这就好比是一个球队，要想比赛取得最终的胜利，必然是大家团结协作、共同努力的结果。

个人的力量毕竟是有限的，即使他再有能力也不可能包办一切。善于与人合作的人，可以更好地弥补自己各方面的不足，使自己尽快地走向成功。

幽默型性格与财富

幽默型性格由于其性格特点，决定了他们交友广泛，视野广阔，有着良好的人际关系，因此，他们获得财富的机会更大。

幽默型性格的特点：幽默、风趣、随和，善于交际，喜欢自嘲，这种性格的人大多比较聪明、机智，随机应变的能力特别强。通常他们朋友较多，并且被大多数朋友所喜爱。只是在并非很熟悉的人面前，容易被误解为油嘴滑舌、玩世不恭型，这一点应该引起注意。

按照某种习惯性的方式去考虑问题，这叫作思维定势；按照某种习惯性的方式去处理解决问题，这叫作行为定势。然而，在出现特殊情况时，思维定势和行为定势往往会妨碍人们找到解决问题的新方法；倘若采用非思维定势的创造性思维，却往往会产生出异乎寻常的效果来。

在经商方面，运用非常规性思维，抛弃定势思维，亦即出奇制胜，同样能取得异乎寻常的良好效果。

下面介绍两个利用幽默效应而出奇制胜的推销实例。

1. 大智若愚

20世纪50年代，美国一家企业试制出一种新产品，但却无法得到公众的认可。适逢美国试制人造地球卫星，在人造卫星即将大功告成之际，这家企业主一本正经地写信给美国五角大楼，要求他的新产品能在这颗人造卫星上做一个广告，并询问有关广告费的价格等具体问题。五角大楼收到此信后，军方人士不禁哑然失笑：卫星升空以后，影踪全无，要在人造卫星上做广告，岂不是荒唐可笑吗？后来这件事就作为一桩笑料传扬开了。有的记者风闻此事，便在报上写了一篇报道，这件事便和世人瞩目的人造卫星一起成为全美乃至全球人所共知的一条花边新闻。这家厂商最后当然未被获准在卫星上做广告，但却"歪打正着"，他自己没花一分钱，各地的报纸却为他做了义务广告，产品的知名度大大提高了，销售量亦随之猛增。

2. 巧卖"酸桃"

无锡是中国著名的"无锡水蜜桃"的出产地，时值水蜜桃上市季节，集市上到处都是一筐筐、一篓篓熟透了的桃子，"甜桃、甜桃"的叫卖声此起彼伏。一位老汉担着两筐桃也到集市上来卖，然而，老汉却在一片"甜桃"的叫卖声中大叫"酸桃、酸桃"。人们听这老汉吆喝得与众不同，不觉闻声围拢到老汉的桃摊前。只见老汉指着桃说："酸不酸，一尝便知。先尝后买，不甜不要钱！"说完，老汉拿起一只桃请一位顾客尝一尝，那位顾客尝了一口连声说道："真甜！真甜！一点也不酸！"大家听他这么一说，个个争相购买。不一会儿，老汉的两筐桃就卖完了。再看看其他桃摊，尽管卖桃人一声高过一声地大叫"甜桃"，但却生意冷清，很少有顾客问津。孙子说："良将思计如饥，所以战必胜攻必克也。"要在激烈的市场竞争中战胜强敌，推销人员就必须开动脑筋，用自己的智慧如饥似渴地思考新奇的计谋才行，只有出奇才能制胜。

幽默不仅是一种积极的生活态度，更是一种心智成熟的最佳表现。它可以使人际关系更加和谐，化危机为转机，突破困境、反败为胜。有幽默感的人往往能从平凡小事中发现有趣光明的一面，或是从最坏的情况下得到最大的满足感。幽默的性格是最吸引人的，幽默的人是最有魅力的，幽默是一种升华了的美好的意境。

智慧型性格与财富

培根说："知识能改变命运。"拥有睿智的头脑本身就是一大宝贵的财富，运用得当必将成就完美人生。

智慧型性格的特点：凡事力求简洁，直截了当，切中要害。对事物有自己独特而精辟的见解，从不会随波逐流，人云亦云。这既是一种机敏，也是一种睿智。

如果你要真正有所成就，那么，你应该集中精力；如果你希望别人也知道你工作的价值，那么，你应该化繁为简。大法官鲁弗斯·乔特可以用一分钟把问题说得很透彻，其他人却需要一小时才能够讲述明白。

"要简洁，"希拉斯·菲尔德对来访者说，"时间宝贵，准时、诚实、简洁，应该是我们一生的座右铭。不要写长信，谁都不会有时间看的。如果想说什么，就简单明了地说出来。再重要的事务，一页纸足可以说清楚。很多年前，就在我铺设大西洋海底电缆的时候，有一次我突然需要给英国发一封重要的信函。我知道首相和女王会读到我的信，我用了几页纸把我想说的话写完，然后不停地修改，让句子尽可能简短，一共改了20遍。最后我只用一页纸就把问题都写清楚了，然后寄了出去，不久就收到了答复。当然，这是个很让

第四章　性格与财富之间的关系

人满意的答复。不过，你们想过吗，如果我的信写上五六页，事情还会那么顺利吗？不，不会。简洁是一份厚礼啊。"

罗伯特先生把时间看作自己资本的一部分。他私人的办公室是谁也不许进入的，客人只有把事情向门卫交代清楚了，才有可能在另一间办公室里见罗伯特先生。如果那个访客是想和他谈些私事，门卫就会告诉他："罗伯特先生现在不谈私事。"如果谁得到允许，进入他的办公室，那么必须做到尽可能简洁明了地把事情谈完。在罗伯特的公司，一切都处理得井井有条，而且十分迅速，这让他的对手都不得不佩服。在那里，看不到散漫随意、无所事事的景象，也没有人随便开玩笑。从早到晚，凡是工作时间，他们的口号只有一个词"效率"。罗伯特先生在工作的时候是从来不和人进行朋友式的闲聊的，他一分一秒的时间也不愿浪费。

法国著名牧师、作家费奈隆曾经说："演说的最高境界是能够做到简洁而意义深远，能够精选出我们的思想，能够使我们要说的内容简单明了，同时应该做到不慌不忙，镇定自若。"

英国诗人骚塞说："如果你希望自己的话语能够有影响的话，就应当尽可能地简洁。语言也像阳光一样，越是浓缩集中，越容易把别的东西引燃。"

一天，犹太商人菲尔德与他的法国好友去逛书市。他们发现书市上经营一类的丛书五花八门，这类书的宗旨，简单说，不外是教人如何成为富翁的秘诀。

菲尔德随意地翻了几本，皱皱眉头说："这些书大都有一个共同的错误观念。"

"什么错误观念？"朋友吃惊地问。

"你看，它们都强调人与人之间的关系是最重要的经商秘诀。"菲尔德笑着说。

"这要具体分析。"菲尔德说，"我们犹太人对八面玲珑很会交际的人并不大欣赏，我们甚至怀疑这种人因为缺乏才能而刻意在交际上用功夫，以补救自己能力上的不足。犹太人认为，经商成功的秘诀在于学问、知识和能力。"

"只有知识才是夺不走的财富。"犹太人很早就领悟、发现和重视知识的作用，所以，犹太人历来就重视教育。所谓"没有知识的商人是不合格的商人"，但"合格的商人不一定都是人缘好的人"，这也是犹太人重视教育的结果。

21世纪是知识大爆炸的时代，一个人没有知识、缺少智慧最终将被无情地淘汰。拥有了知识就拥有了力量，拥有了知识就拥有了财富。

下　辑

塑造性格：
让良好的性格为成功人生添砖加瓦

◆ 第一章　建立自信：先相信自己，然后别人才会相信你

◆ 第二章　完成独立：做自己就是最高的信仰

◆ 第三章　增加勇气：天下绝无不热烈勇敢地追求成功，而能成功的人

◆ 第四章　保持乐观：阳光心态才是福气的来源

◆ 第五章　坚持进取：进取心是成功的助推器

◆ 第六章　锻造坚韧：命运面前做个不屈服者

◆ 第七章　学会宽容：智慧的艺术就是懂得该宽容什么

◆ 第八章　恪守诚信：诚信是人生的命脉，是一切价值的根基

◆ 第九章　走向成熟：没有理智的人决不会有理性的生活

第一章
建立自信：先相信自己，然后别人才会相信你

人们与成功往往只有一步之遥，但就因为缺乏自信，与其擦肩而过。要做个成功的人，必须要有自信。你只有相信自己，别人才会相信你。你只有相信自己能够成功，你才能够真的成功。

自信的性格是成功的第一秘诀

自信是一种积极的性格表现，是一种强大的力量，也是一种最宝贵的资源。在人生的旅途上，是自信开阔了求索的视野，是自信催动了奋进的脚步，是自信成就了一个又一个梦想。可以说，没有自信，梦想只会是海市蜃楼；没有自信，生命只会是灰色基调；没有自信，再简单的事都会被认为是跨越不过去的障碍。须知，在生命的长河中，有顺境，也有逆境；有成功的喜悦，也有失败的苦涩。并且，通往成功的道路，绝不会是一帆风顺的，有时会荆棘丛生，甚至会出现悬崖断壁。这时，更需要自信心作为我们精神的支柱，否则，成功将与我们无缘。

有一个相貌丑陋的小孩，说话口吃，而且因为疾病导致左脸局部麻痹，嘴角畸形，讲话时嘴巴总是歪向一边，还有一只耳朵失聪。

为了矫正自己的口吃，孩子模仿古代一位有名的演说家，嘴里含着小石子讲话。看着嘴巴和舌头被石子磨烂的儿子，妈妈心疼地抱着他流着泪说："不要练了，妈妈一辈子陪着你。"

懂事的他替妈妈擦着眼泪说："妈妈，书上说，每一只漂亮的蝴蝶，都是自己冲破束缚它的茧之后才变成的。我要做一只美丽的蝴蝶。"

后来，他能流利地讲话了。因为勤奋和善良，他中学毕业时，不仅取得了优异成绩，还获得了良好的人缘。

1992年10月，他参加总理大选。他的成长经历被人们知道了，因此赢得了极大的同情和尊敬。他说的"我要带领国家和人民成为一只美丽的蝴蝶"的竞选口号，使他以高票当选为总理，并在1997年连任。人们亲切地称他为"蝴蝶总理"。

他就是加拿大第一位连任两届的总理——让·克雷蒂安。

迈克尔·乔丹是世界上最伟大的篮球明星之一，但是，你能想到吗？在高中的时候，迈克尔·乔丹曾经是篮球队的落选者。他跑去问为什么没被录取，教练说："第一，你的身高不够；第二，你的技术太嫩了。你以后不可能进大学打篮球。"他对教练说："你让我在这个球队练球吧，我愿意帮所有的球员拎球袋，帮他们擦汗。我不需要上场，我只求我能跟球队练球，能有跟他们切磋球技的机会。"教练看到这个人如此热爱篮球，就答应了他的要求。比赛一结束，乔丹真的去为别的球员擦汗。

全世界最伟大的篮球明星就是这样从坐冷板凳开始的。

一个人有了自信，才能克服种种艰难，才能充分发挥自身的聪明才智，从而在事业上作出伟大的成就。

拿破仑就是一个充满自信、具有顽强信念的人。据说，只要拿破仑亲率军队作战，军队的战斗力便会增强一倍。军队的战斗力在很大程度上基于士兵们对统帅敬仰，从而产生信心。如果统帅优柔寡断的话，全军的士气必然会混乱不堪。拿破仑的自信与坚强使他统率的每个士兵都具有高昂战斗力。

人的成就，绝不会超出自信所达到的高度。拿破仑在率领军队越过阿尔卑斯山的时候,面对着严寒冷峻的高山,如果他首先怯下阵来,那么,他的军队永远也不会越过那座高山。所以,坚定不移的自信心,是一切成功之源。

有一次,一个士兵骑马送信给拿破仑,由于马跑得太快,在到达目的地之前猛跌了一跤,那马就此一命呜呼。拿破仑接到信后,立刻写了回信,交给那个士兵,吩咐士兵骑自己的马,迅速把回信送走。

士兵看到这匹骏马非常强壮,身上的装饰无比华丽,便说:"不,将军,我只是一个默默无闻的士兵,实在不配骑这匹华美强壮的骏马。"

拿破仑则严肃地告诉他:"世上没有一样东西,是法兰西士兵所不配享有的。"

拥有上述这个法国士兵心态的人,世界上到处都有,他们以为自己的地位太低微,自己太不起眼,别人所有的种种幸福是不属于自己的,自己是不配享有的,以为自己是根本不能与那些伟大人物相提并论的。这种自卑自贱的观念往往成为不求上进、自甘堕落的主要原因。

自信的性格对于立志成功者具有重要意义。有人说:成功的欲望是创造和拥有财富的源泉。人一旦拥有了这一欲望,并经由自我暗示和潜意识的激发后形成一种信心,这种信心便会转化为一种"积极的感情"。它能够激发潜意识释放出无穷的热情、精力和智慧,进而帮助其获得巨大的成就。

第一章　建立自信：先相信自己，然后别人才会相信你

信心是战胜困难的法宝

没有困难的人生是不存在的，没有困难的人生也绝不会精彩。纵览古今，大凡成功的人几乎都是在砥砺和克服重重困难之中而闪耀光辉的。须知，困难可以将你击垮，也可以使你坚定振作，这完全取决于你如何看待它。

在日常生活中，我们常常听到有人叹息自己天生笨拙，成不了大器。其实，这种叹息恰恰是性格消极、缺少自信的体现。

梅兰芳年轻的时候去拜师学戏，师傅说他生着一双死鱼眼睛，灰暗、呆滞，根本不是学戏的材料。天资的欠缺没有使梅兰芳灰心，反而促使他更加勤奋。他喂鸽子，每天仰望长空，双眼紧跟着飞翔的鸽子，穷追不舍；他养金鱼，每天俯视水底，双眼紧随着遨游的金鱼，寻踪觅影。后来，梅兰芳那双眼睛变得如一汪清澈的秋水，熠熠生辉，脉脉含情，终于成了著名的京剧大师。

拿破仑·希尔告诉我们：只要有信心，你就能移动一座山。只要相信你能成功，你就会赢得成功。

关于信心的威力，并没有什么神奇或神秘可言。信心起作用的过程是这样的：相信"我确实能做到"的态度，产生了能力、技巧与精力这些必备条件，每当你相信"我能做到"时，自然就会想出

"如何去做"的方法。

有一位了不起的舒勒博士，在他的书里有一句话："艰苦的岁月绝不长久，对一个不屈不挠的人，它很快就会离你而去。"

玛罗丝女士12岁就得了风湿性关节炎，四十几年来，她几乎每天都在与病魔搏斗，后来严重到连讲话都很困难。像这样的一个困境，她都能够很乐观地去面对，而且还跟主治的医师幽默对话，让主治医师都非常佩服。

最令人感动的是，她在这样的情况下，用了3年的时间，竟然录制完《生命之歌》这样一套录音带。

可见她是一个有使命的人。她就是想把她的经历、过去自己的困境。奋斗的过程及她对生命的感受，流传下去，留给后人。能够积极地去面对困境，这是非常重要的。

俄罗斯有一句谚语说："铁锤能打破玻璃，更能铸造精钢。"如果你有像钢铁一样的性格，有足够的坚强的意志品质，去克服人生中的困难，那么这些困难正好可以磨炼你的意志，给予你力量。

谨记：天生我材必有用

李白在屡受挫折后，发出这样一声长啸："天生我材必有用，千金散尽还复来！"很多人朗读此句时，都能感受到诗人那无尽的豪迈

第一章　建立自信：先相信自己，然后别人才会相信你

与自信，同时也会带着些许的自我安慰。其实正如李白所言，每个人来到世界上，都会有其独特之处，都会存在其独特的价值。由此可以说，每个人在世界上都是独一无二的，每个人都有其"必有用"之材。只是，也许有时才能藏匿得很深，需要我们全力去挖掘；有时我们的才能又得不到别人的认可……但我们绝不能因此否认自己的才能，更不能因为生活中的挫折、失败而怀疑自己的能力，就此失去信心，一蹶不振。

纵览古今中外，你会发现，很多知名人士都曾有过与你一样的痛苦经历——他们亦曾被老师、同事，甚至是家人所阻挠，众人否定他们的才能，断言他们绝不可能做成自己想做的事。但是他们对自己的才能从未有过一丝怀疑，他们矢志不移地坚持着，最终将自己的才能发挥得淋漓尽致。

达尔文的父母希望儿子成为神父，可达尔文热衷于生物。他令父母失望了，但他始终坚持自己在生物方面的过人才能。他终于找到了自己正确的位置，终于写下了不朽的名著《进化论》，因而流芳百世。试想，倘若他唯父母之命是从又会怎样？

当艾利斯·赫利还是一个不出名的文学青年时，4年内，平均每周他都会收到一封退稿信。后来，艾利斯几欲停止《根》这部著作的撰写，他开始自暴自弃。他感到自己壮志难酬、空负其才，于是准备跳海轻生。当他站在船尾、面对滚滚浪涛时，似乎听到所有已故亲人都在呼唤："你要做自己该做的，因为我们都在天国凝视着你，不要放弃！你行的，我们期盼着你！"几周以后，《根》这部著作终于完成了。

1905年，阿尔伯特·爱因斯坦的博士论文被波恩大学"打了个

大大的叉",原因是论文离题,且通篇奇思怪想。爱因斯坦为此感到沮丧,但他并没有丢掉信心,最后终于获得成功。

伍迪·艾伦——奥斯卡最佳编剧、最佳制片人、最佳导演、最佳男演员、金像奖获得者,他在大学时英语竟然不及格。

利昂·尤利斯,作家、学者、哲学家,却曾3次没有通过中学的英文考试。

美国著名画家詹姆斯·惠斯勒曾因化学不及格而被西点军校开除。

"篮球之神"迈克尔·乔丹曾未能入选所在的中学篮球队。

温斯顿·丘吉尔因其文科太差而被牛津大学和剑桥大学拒之门外。

······

无数事实证明,即使是如今已被公认的天才,未成名前也曾遭到众人的质疑,也曾受到过各种打击。值得庆幸的是,他们没有被打击、被挫折、被失败所击倒,他们始终相信自己的能力。也正因如此,他们才能取得令人瞩目的成就,他们将自己的名字深深刻在了历史的丰碑之上!

然而,我们之中的一些人却常常在遭遇失败以后开始自我贬低、自甘堕落。这真的很不应该。要知道,所有人自己的利用价值,哪怕是所谓的废物也是有它自身的价值的。将废物合理利用,不是同样可以变废为宝吗?记住李白的那句诗:"天生我材必有用!"这绝不是失败后的自我慰藉,这其中饱含对自我、对个人价值的绝对肯定,这是何等的自信啊!

我们需要在自己的心中激起这份豪迈,这就要求我们务必做到以下两点。

第一章　建立自信：先相信自己，然后别人才会相信你

1. 绝不用世俗的眼光看待自己

世界是多角度的，换一个角度，或许我们就可以找到自己的人生焦点。请永远相信"天生我材必有用"，在拼搏奋斗中实现自己的个人价值。

2. 绝不要自暴自弃

无论我们目前处于怎样的低谷，都不要放弃自己。要相信自己，我们既然来到这个世界上，就是带着某种使命的，就是有一定道理的。

无论你从事哪一行业，都不要轻视自己。你要记住，除了心的贵贱以外，身份是没有贵贱之分的。每个人从事着不同的工作，都是在为这世界作贡献，只是各人分工有所不同而已。

毫无疑问，这世界上的每一个人，乃至一草一物都有着自己的价值，即使是一片落叶，也承担着"化作春泥更护花"的责任；就算是一只小鸟，也在履行着飞翔的义务。事实上，根本没有人是多余的，也没有人是废物，只是能力不同、责任不同而已。一如李白所言——"天生我材必有用，千金散尽还复来"！

相信自己：你并不比别人卑微

我们随处都能见到这样的人，他们一生都做着简单而平凡的事，他们似乎也因此就满足了，实际上他们完全有能力做一些更高级的

事，但他们不相信自己能胜任。

很多人没有足够的进取心来开创伟大的事业，因为他们的期望值很低，因此，不可能从一点一滴做起，去开创一项伟大的事业。生活目标的狭隘限制了他们确立宏大的进取心。

米开朗基罗在写给拉斐尔工作室中的一副精巧塑像下的一句话便是"做一个更了不起的人"。

正是雄心壮志使得美丽的人生有了可靠的基石，它督促我们去完成目标，帮助我们抵抗那些足以毁灭我们前途的诱惑。

假如人类没有创造世界和改进自身条件的雄心壮志，世界将会处在多么混沌的状态中啊！

与为了实现雄心壮志而进行的持续努力相比，没有什么东西可以如此地坚定我们的意志。它引导我们的思想进入了更高的境界，把更加美好的事物带进了我们的生命。

歌德说："人的一生中最重要的就是要树立远大的目标，并且以足够的才能和坚强的忍耐力来实现它。"

还有什么比追寻生命价值更高尚的理想呢？在不同的文明下，人们的理想也不同。一个人或一个国家的理想与其现实条件和未来发展潜力是相关的。

在人的一生当中，总会遇到各种困难与挫折，在这种情况下，要勇敢地对自己说声"我能行"！

每个人都渴望得到成功，但是在成功路上总会充满荆棘，假若你放弃，那么，你永远不会成功。只有坚持不断地努力，告诉自己"我能行"，那么你有一天一定会得到成功。

卡耐基说过："要想成功，必须具备的条件是：欲望以提升自己,毅力以磨平高山,以及相信自己一定会成功。"永远地相信自己,这不是说说那么简单的。假若你真的能做到了,那么你离成功已经不远了。

假如你的动力足够大,那么与之匹配的能力也将随之而至。假如你面前有一项十分有吸引力的奖品在激励着你,那么,你一定可以变得更加敏捷,更具有创见,更加细致而勤奋,更加机智而思虑周全,而且会有更加稳健清晰的头脑,你也一定会获得更好的判断和预见力。

"无论你拥有怎样的雄心壮志,都请你集中精力为之努力,而不要左顾右盼,意志不坚。"不要给自己留退路,一心一意为了理想而奋斗,只有集中精力才能获得自己想要的成功。

每个人都有巨大的潜能,只是有的人潜能已苏醒了,有的人潜能却还在沉睡。任何成功者都不会是天生的,成功的根本原因是开发出无穷无尽的潜能。只要你抱着积极的心态去开发你的潜能,你就会有用不完的能量,你的能力就会越用越强,你离成功也就会越来越近;相反,如果你抱着消极的心态,不去开发自己的潜能,任它沉睡,那你就只能感叹自己命运的"不公"了。

曾经一个人在高山之巅的鹰巢里捉到了一只幼鹰,他把幼鹰带回家,养在鸡笼里。这只幼鹰和鸡一起啄食、嬉闹和休息。它以为自己也是一只鸡。这只鹰渐渐长大,羽翼丰满了,主人想把它训练成猎鹰,但是,因终日与鸡混在一起,它已变得和鸡完全一样,根本没有飞的本能了。主人试了各种办法,都毫无效果,最后把它带到山顶上,一把将它扔了下去,这只鹰像一块石头似的,直掉下去,慌乱之中它拼命地扑打着翅膀。就这样,它经过一番磨炼终于飞了起来！

或许你会说："我已经懂你的意思了。但是，它本来就是鹰，不是鸡，它才能够飞翔。而我也许本来就是一个平凡的人，因此，我从来没有期望过自己能做出什么了不起的事来。"这正是问题的所在——你从来没有期望过自己做出什么了不起的事来！这是事实，那就是我们只把自己束缚在自我期望的范围内。

其实，开启成功之门的钥匙，就是必须由你自己亲自来锻炼的过程，就是释放你的潜能、唤醒你的潜能的过程。

爱迪生曾经说过："如果我们做出所有我们能做的事情，我们毫无疑问地会使自己大吃一惊。"

无论遇到什么样的困难或危机，只要你认为你行，你就能够处理和解决这些困难或危机。对你的能力抱着肯定的想法，就能发挥出积极的力量，并且由此产生有效的行动，直至引导你走向成功。

自我发掘的决心，依靠自己的力量，可以让你变得越来越强大。无论是谁，假如总是依靠他人走过人生，他一定不会走得很远，他也绝不会成为一个伟大的成功者。

成功殿堂的大门不是任意通行的，每一个进入者都拥有自己精心打造的钥匙。开启成功之门的钥匙，必须由你自己亲自来锻造。锻造的过程，就是释放你的潜能、挖掘你的潜能的过程。假如你见了生人就害羞，假如你惧怕新的陌生环境，假如你经常觉得担忧、焦虑和神经过敏，假如你有类似的面部抽搐、不必要的眨眼、颤抖、难以入眠等"紧张症状"，假如你畏缩不前、甘居下游，那么，你对自己个性的压抑太严重了，你对事情过于谨慎和"考虑"得太多，限制了你的潜能的释放。

"压抑个性"是对个人潜能的一种压抑，具有"压抑个性"的人不能表现内在的创造性自我，因而显得停滞、退缩、禁锢、束缚，拒绝表现自己，害怕成为自己，把真正的自我紧锁于内心深处，思维也几乎陷于停顿。这样潜能不但没有释放，反而消耗在终日疲惫不堪的状态中。

要相信自己，自己并不卑微，要勇于向他人证明自己的能力。

世界上有且只有一个人能够左右你的成败，这个人就是你自己。只有你自己，才能真正支持你迈向成功之路。

真心喜欢你自己

不喜欢自己的人，总有一箩筐的理由：我太矮、我有青春痘、我不擅长交际、我的学问不好、我家境清寒……

而喜欢自己的人，却不一定说得出多么冠冕堂皇的理由。他们喜欢自己，并不盲目，他们不相信自己是十全十美，反而清楚地认识到自己和其他人一样，具有很多缺点。只不过，他们愿意接受自己的一切，一切的优点和缺点，不企图掩饰，不刻意改变，当然，也不会无端地羡慕他人。

喜欢自己，是快乐的起点。

最快乐的人，是了然人生的不完美，却又能在这不完美中，珍惜自己所拥有的一切。

"求全"本是人性的通病，拥有一份好工作，还希望能够赚取更多的钱财；拥有理想的婚姻，又盼望事业飞黄腾达；一旦做了富翁，又恨不得在报章杂志频频露脸，出尽风头；更有人想把事业、财富、婚姻、爱情等，所有的好东西都掌握在自己的手中。

殊不知，十全十美本来就不是自然界的规律，月亮圆了会缺，春花开罢即谢，春去冬来四时运转不息，不曾为任何一个美好的时刻所羁绊。

人生也难求绝对的圆满，际遇有时顺，有时逆，财富来时有如巨浪涌来，去时又如退潮的海滩，爱情、婚姻、事业既难样样美好，更难时时顺心。

生活在这样坎坷的命运里，难怪有很多人要怨天尤人，落入愤懑不平的行列中，对自己所拥有的一切百般挑剔，整天笼罩在不快乐的阴影之下。

只有喜欢自己的人才知道，快乐的秘密不在于获得更多，而在于珍惜既有。能深刻检点自己所拥有的幸福，就会明白，其实人人都蒙恩宠，享有莫大的福气。

没有人能确切明白自己是不是真的受人欢迎，可是每一个人都可以扪心自问：我是不是喜欢自己？

心理学家凯特发现，要让他人喜欢真正的你，就应该培养喜欢自己的特质。或许你会感到十分惊讶，因为一般人认为可以吸引人的美貌、魅力、人际关系等，并不是你需要具备的特质。

这个世界上有很多人生来既不美丽，又不富有，可是却能受到朋友的喜爱，最重要的道理是：他们真心喜欢自己。

假如你能接纳心理学家凯特的建议，或许你也能成为一个喜爱自己的人。

学习一个人独处的方法，不论一个人的年龄是大是小，能否面对孤独，正是对个人成熟度的最佳考验。成熟的人拥有独立的自我，不需要时时刻刻依赖他人，即使在孤独时，也能够坚强地妥善处理，流露出成熟的自信。而这种成熟与稳定的个性，正是一个人接纳自己、相信自己的象征。

必须将每个人当成不同的个体，我们往往在还没有清楚地认识一个人之前，就主观地先下结论：这个人一定很顽固，这个人恐怕不好相处，这个人说不定很挑剔……这些先入为主的印象，往往阻碍了我们去认清人们的本来面目。

因此，抛开成见，学习去看清他人真实的一面，可以为我们自己赢得更多可贵的朋友。

挖掘快乐之源，快乐要自己找，它不会从天上自动掉下来。生活中有很多让人快乐的事物，你都可以去发掘。学习一种外国语、和朋友分享新的思想、去运动、参加有意义的社团、抽空去度假，这些获得快乐的途径，所费不多，却需要你运用智慧去享受。只会坐着抱怨生活枯燥，又不积极为自己创造快乐，那么，很快你就会变成一个令人讨厌的人了。

不要讽刺他人。冷嘲热讽，不仅不能证明自己的聪明，反而暴露了自己是一个气度狭窄、自大又无能的人。

贬低他人不等于抬高自己，真正受人尊敬的人，懂得认识每一个人的价值，不会轻易毁坏他人的名誉，而这种尊重他人的性格，更是对自己有信心的表现。

对你很重要的事，即使他人不合作，你也要坚持到底，轻易妥协、随便放弃理想的人，或许表面看来处处都很和气，可是这种丝毫没有个性的人，往往不能得到人们由衷的佩服与喜爱。自认为值得争取的事，一定全力以赴，这样才能肯定自我的价值，进而喜欢自己的所作所为。

应努力增强感情的力量，冷淡自持，固然可以保护自己，可是与人交往，能用真心投入，产生同喜同悲的感受，这才是真正深厚的感情。不要怕流露感情，相反地，要更努力培养正确的方法，来表达自己内心深处的感情。

学习如何给朋友支援，自私自利的人很难感受到人情的温暖。只有肯付出友情，肯帮助他人，乐于与人分享喜悦也分担忧愁，才能体会到人生的美好。

以原则来观察自己的人生，你是宇宙的唯一，有你自己的人生原则。你不需要模仿他人，也不必要扭曲自己。李四的帽子戴在张三头上，未必合适，你的人生也只有遵循你独特的原则，才会活得快乐，活得好看。

喜欢自己，其实很简单。你无须换上漂亮的衣服、摆出讨人喜欢的面孔、说些迎合他人的言语，只要你静下心来，学习看重他人，看重自己，培养成熟独立的个性，你就向"喜欢自己"这个目标，迈进了一大步。

谁是这个世界上最重要的人呢？

答案当然是：你自己。

你在忙着想赢得整体世界的肯定之前，别忘记先讨好最重要的一个人——学会喜欢自己，接纳你自己吧。

第一章　建立自信：先相信自己，然后别人才会相信你

了解自卑，解除自卑

自卑的心态就像一条啮噬心灵的毒蛇，不仅吸食心灵的新鲜血液，让人失去生存的勇气，还在其中注入厌世和绝望的毒液，最后让健康的机体死于非命。

在崎岖的人生道路上，自卑这条毒蛇随时都会悄然地出现，尤其是当人劳累、困乏、迷惑时，更要加倍地警惕。偶尔短时间地滑入自卑的状态是很正常的现象，但长期处于自卑之中就会酿成一场灾难了。自卑的根源在于过分低估自己或否定自我，过分重视他人的意见，并将他人看得过于高大而把自我看得过于卑微。

只有控制住自卑心态，人们才敢于积极进取，成为一个有主动创造精神的人；才能开拓事业的新局面，为成功打下坚实的基础；才会有积极的人生态度，活得开朗、开心；才会勇于承担责任，成为一个有责任心的人。而任何一个在事业上有所作为的人都是有责任心的人。只有摒弃自卑，才会在平时积极思考；才会积极跨越各种各样的障碍，成为一个不怕困难的人；才会积极主动地去结交新朋友，改善和老朋友的关系。

不论你有多么成功，或是不论你有多么能干，你总是想证明自己是否真的是多才多艺。换言之，很多人都倾向于为自己设定一个

形象，而不肯承认真正的自我是什么。

举个例子来说，如果你一直希望自己成为特别苗条的人，总是担心自己瘦不下来，每次在量腰围时你就会担心，而完全忘了你的身体正处在最佳的健康状态。

你总是把自己认为的劣势时刻放在脑子里，提醒自己的不足，并把这些不足与他人的优势相比较。因而，越比越觉得自己不如他人，越比越觉得自己无地自容，从而忽略了自身的优势，打击了自信心。

假如让自卑控制了你，那么，你在自我形象的评价上会毫不留情地贬低自己，不敢表达自我的欲望，不敢在他人面前申诉自己的观点，不敢向他人表白自己的爱情，行为上不敢挥洒自己，总是显得很拘谨畏缩；同时，对外界、对他人，特别是对陌生环境与生人，心存一种畏惧。出于一种本能的自我保护，便会与自己畏惧的东西隔离和疏远，这样便将自己囚禁在一个孤独的城堡之中了。假如说别的消极情绪可以使一个人在前进路上暂时偏离目标或减缓成功的速度，那么一个长期处于自卑状态的人根本就不可能有成功的希望，甚至已有的成绩也不能唤起他们的喜悦、兴奋和信心。他们只是一味地沉浸在自己失败的体验里不能自拔，对什么都不感兴趣，对什么都没有信心，不愿走入人群，拒绝别人接近。

世界上有很多不能走出生存困境的人，都是由于对自己信心不足。他们就像一棵脆弱的小草一样，毫无信心去经历风雨，这就是一种可怕的自卑心理。

自卑者习惯妄自菲薄，总是感觉己不如人，这种情绪一直纠结于心，结果丧失了原有的人生乐趣，烦恼、忧愁、失落、焦虑纷沓

第一章 建立自信：先相信自己，然后别人才会相信你

而至；自卑者无论是对工作还是对生活，都提不起兴趣，他们万念俱灰，失去了斗志，失去了进取的勇气；自卑者一旦遭遇挫折，更是怨天尤人、自怨自艾，一味指责命运的不公；自卑者格外敏感，缺乏宽广的胸怀，往往别人一个不经意的举动，就会戳伤他们的神经，以为别人在轻视自己、在侮辱自己。遗憾的是，他们从未仔细想想：你都看不起自己，为何还要要求别人高看你？

也许很多人会说："我相信自己！"那么你真的相信自己吗？当困难、挫折、讽刺、蔑视接踵而至之时，你真的能够做到无动于衷、固守着心中的自信吗？事实上，很多人都做不到。

诚然，每个人都有失意之时。那么，当我们感到痛苦、感到困惑、感到失望时，我们何不唤起潜在的力量，不低头，不抛弃，不放弃，不卑不亢地挑战痛苦根源，将痛苦转化为一种动力，让失意变成快意，用行动去赢得别人的尊重呢？

我们来看看下面这个真实的故事。

威廉·亨利·布拉格年轻时家境贫穷。他所在的威廉皇家学院多是衣着考究的富家子弟，唯有他，一袭破旧衣衫，一双极大、极不合脚的旧皮鞋。布拉格这身"时髦装扮"在皇家学院显得极不协调，当时，一些纨绔子弟不但对他冷嘲热讽，甚至向学监告布拉格的状，诬蔑他的旧皮鞋是偷来的。

于是，学监将布拉格叫到了办公室，双眼紧紧盯着他那双旧皮鞋。天资聪慧的布拉格马上明白了，他颤抖着将一张纸笺交给学监。这是布拉格父亲寄来的家信，上面写有这样几句话："孩子，非常抱歉，但愿再过两年，我那双旧皮鞋穿在你的脚上就不会再嫌大……我一直这样想着：若是有朝一日你有了成就，我将感到非常

- 121 -

荣耀，因为我的儿子正是穿着我的旧皮鞋奋斗成功的……"

看到这里，学监紧紧握住布拉格的手，满怀感慨地说道："孩子，对不起，是我误解了你！你的家庭虽然贫穷，你的父亲虽然没钱，但他有一颗对你充满期望的心。希望你不要辜负他，我会尽我所能去帮助你。"

此时，布拉格再也控制不住自己的情绪了，两行热泪夺眶而出。曾几何时，他也抱怨过贫穷，也为之沮丧过，但父亲的谆谆教导始终萦绕耳畔，此时又有了学监的热心帮助。是的，绝不能辜负这些对自己充满期望的人，从此他愈发努力起来。

布拉格在24岁时，就成为数学兼物理学教授，而后又在放射线研究等领域取得了巨大成就。成名后的布拉格一直对穿旧皮鞋的经历铭记于心，他时常告诫自己的儿子威廉·劳伦斯·布拉格：饮水思源，不要忘记长辈艰苦奋斗的经历。

受此熏陶，小布拉格与父亲一样，年仅24岁就取得了良好的成绩，成为剑桥研究院院士。更让人惊叹的是，1915年，父子二人一同摘得了诺贝尔物理学奖。

战胜自卑的过程，其实就是磨炼心志、超越自我的过程。逆境之中，如果你一味抱怨命运，认为自己是最不幸的那一个，那么你永远也无法解除自卑的诅咒。想要消除自卑，就要以一种客观、平和的心态看待自己，不要一直盯着自己的短处看，因为越是如此，自卑的阴影就会越加浓郁。想要战胜自卑，就不要理会别人的评价，只要认为自己没错，那就矢志不移地走下去。你要做的，是用自己的能力、用自己的信心证明给别人看：我是优秀的！若做不到这些，若依旧对自卑恋恋不舍，那你就别指望别人高看你！

那么，我们要如何战胜自卑心理呢？我们可以这样：

1. 以补偿法超越自卑

这是一种心理适应机制。我们在适应社会的过程中总有一些偏差，令我们的理想与现实出现落差，这时，我们可以用一种补偿法来为心理"移位"，即克服自己因生理或心理缺陷而产生的自卑，转而发展在某一方面的特长。事实上，这一心理机制的运用，曾经成就了很多人，他们越是感到自卑，寻求补偿的愿望就越大，最后成功的本钱也就越多。

林肯总统的出身很不好，他是私生子，长得也很一般，言谈举止也不怎么优雅，他为此感到很自卑。他为了在人前抬起头来，拼命地为自己充电，以求弥补自己知识贫乏和孤陋寡闻的缺陷。他孜孜不倦地读书，尽管眼眶越陷越深，但学识让他成为了具有非凡魅力的人。我们知道，他是美国历史上非常杰出的一位总统。

在补偿心理的作用下，自卑也会变成一种动力，从而促使自己努力去发展所长，磨砺性格，完成对自己的一个超越。

2. 以实际行动为自己建立自信

事实上，战胜自卑最快、最有效的方法就是挑战自己害怕的事情，直到这种恐惧心理消除为止。

（1）挑靠前的位置坐，突出自己

在社交场合的聚会中，或是在各类型的讲堂中，我们不要坐在后面，不要怕引起别人的注意，大大方方地坐在前面。要知道，敢于将自己置于众目睽睽之下，这是需要很大勇气的。如果你做到了，你的自信势必会得到提升。

（2）去正视你的社交对象

很多人在与人交往、交谈中，目光总是躲躲闪闪，不敢正视别人，这就是一种极不自信的表现，这说明你恐惧、怯懦或是心中有愧。倘若你能正视别人，就等于在告诉对方：我是真诚的；我是光明正大的；我乐于与你交往。这才是自信的表现，更是一种个人魅力的展示。

当然，这类方法还有很多，我们就不一一道来了。其实，说一千，道一万，解除自卑心理的关键还在于我们的心态。请记住！一个人可以犯错误，但绝不能丧失自信、丧失自尊。因为唯有自信者才能捍卫自己的尊严；唯有自信者的人生阵地才不会陷落；唯有自信者才能披荆斩棘、冲破重重障碍，最终摘得胜利的果实。

第二章
完成独立：做自己就是最高的信仰

尽管在世上没有与我们相同的人，但我们还是习惯与别人相比较。把自己与别人比较是毫无意义的，因为你根本不知道别人在生活中的目标与动力，以及别人独一无二的能力。我们对自己的认知、对自己的定位以及我们将要实现的目标，决定着我们在这个世界上的独特的位置。

你是独一无二的

人是世间万物之灵长,你是世界上独一无二的。

播种行为,收获习惯;

播种习惯,收获性格;

播种性格,收获命运。

甜蜜的爱情、美满的婚姻、幸福的家庭、亲密的朋友、信赖的知己、腾达的事业、辉煌的成就、别人的仰慕……这一切,我们每个人都想拥有,没有人希望自己在人生之路上遭遇失败。但成功除了离不开机遇与自己的拼搏外,首先要做和必须要做的,不是战胜外在,而是战胜自己;不是了解别人,而是了解自己。

了解自己主要是指认识自身的性格:是内向还是外向,是封闭还是开明,是自卑还是自信,是懒惰还是勤劳,是虚荣还是朴素,是偏执还是随和,是狭隘还是心胸宽大,是贪婪还是怯懦……不管是怎样的性格都不要惧怕,因为只要了解了自己性格的特点,就可以发扬优点,克服缺点。法国作家纪德说过,人人都有惊人的潜力,要相信你自己的力量与青春,要不断地告诉自己:"万事全在我。"上天只创造了一个独特的你,你是独一无二的。成功胜利由自己创造,失败挫折由自己承担。

就如同这世上没有两片完全相同的树叶，这世上也没有两个完全相同的人，即使是同卵双胞胎外貌上旁人难以区分，但他们的DNA仍有着百分之几甚至零点几的差异。

也许你有些地方与别人相似，但你仍是无人能取代的，你的一言一行都有自己的个性和选择，因为你是自己的主人。无论高矮胖瘦，你的身体，从头到脚只属于你自己；你的目之所及，耳之所闻，你的脑子，包括情绪思想也只属于你自己。因此，你首先要喜欢自己，接纳自己的一切，然后才能深刻了解自己，进而将自己最好的一面呈现出来！

然而人多少会对自己产生疑惑，内心总有一块连自己也无法理解的角落。但只要你多多关爱自己，就必定能鼓起勇气和希望，为心中的疑问找到解答，更进一步地了解自己。

你就是你，世上不会再有第二个你。

发现真实的自己

你发现了真，也就找到了生命的本质；
发现了善，也就知道了怎样去做人；
发现了美，也就获得了生存的追求；
发现了本质，就不会为现象所迷惑；

发现了真理，就不会被谬论所纠缠；

发现了光明，在黑暗中就不会困顿；

发现了价值，在荒芜面前就能从容前行；

发现了动力，在遭遇厄运时依然会执着地奋斗；

发现了崇高，才不为卑微的心态所引诱；

发现了正义，才会不怕邪恶的恐吓。

在希腊帕尔纳索斯山南坡上，有一组石造建筑物，这就是驰名整个古希腊的特尔菲神庙。它的起源据说可以追溯到3000多年前。据说在这个神庙的入口处，人们可以看到刻在石头上的一句话："认识你自己。"古希腊哲学家苏格拉底最爱引用这句格言教育别人，因此后世的人们常常误认为这是他的名言。但在当时，人们认为这句格言是阿波罗神的神谕！

人要找准自己的社会角色定位，要知道自己是一个什么样性格的人，自己的性格有什么优点和缺点、自己应该走什么样的路，适合干什么，等等。

生命中尤为重要的是要清楚自己的性格究竟和什么职业相匹配。但实际上大多数人没有真正花时间来思考这个问题。

面对多姿多彩的世界和各种各样的选择，很多人往往手足无措。就如同在茫茫大海中航行，假若你不知道将驶向何方，便注定了一生要忍受漂泊之苦。在你决定自己想要什么、需要什么之前，一定要先审视自己的性格特点，发现自己的真正需要。只有这样，你才能在生活中勇往直前，实现人生的价值。

心理学家发现了一个十分有趣的现象：很多人之所以不能成功，关键是不能充分发现自己的价值。对自身的缺陷讳莫如深，其实是一种误区。人有很多资源，缺陷也是其中之一。只有善于发现自己，充分利用自身的资源，才能最大限度地挖掘自己、发挥自己的优势。即使是一种缺陷，也并非没有可利用的价值。

有位叫米莉的多伦多女人，身高仅有 1 米，为此，她感到十分烦恼。有一天，她在马路上闲逛，却忽然看到一位身高 2 米的英俊男子从身边走过，米莉脑海中顿时闪现一线商机。因此，她走上前去向他建议利用两人的身高特点，开办世界上第一个"极端"食品店，专营大小两极分化的糖果，并尽可能用夸张手段，使之成为鲜明的对比，以引起大人、小孩儿的好奇心。高个男人听后思考了一下，便欣然同意。"极端"食品店开张后果然顾客盈门，财源广进。

平凡的荒原，孕育着崛起，只要你肯去开拓；平凡的泥土，孕育着收获，只要你肯去耕耘；平凡的细流，孕育着能量，只要你肯去积累；平凡的生活，孕育着希望，只要我们肯去发现。自认为平凡的自己，孕育着我们想象不到的潜能，只要你能发现真正的自己！

展现独特的自我

在这个世界上，每一个人都具有与众不同的特殊性。这种特殊性可以表现在一个人的生理素质和心理素质上，也可以表现在一个人的社会阅历与人际关系上。与众不同的特殊性是一个人走向成功和自由的基础。人必须植根于自己的特殊性，忽视自己的特殊性或者故意抹杀自己的特殊性，也许永远也不可能获得真正的成功和自由。

尽管宇宙间美好的东西比比皆是，但是，不在烙上自己特殊印记的那片土地上付出艰辛的人，终将一无所获。

很多人在生活和事业上循规蹈矩、谨小慎微，权威怎么说，他们就怎么说；众人怎么做，他们也就怎么做。他们是随波逐流的一群，毫无主见，毫无个性，只知道跟着潮流跑，根本不管潮流的方向怎样，也不在乎自己究竟能随大流跑出什么名堂。

有一些人自惭形秽，对自己独特的存在价值缺乏信心，对自己的特殊性感到害羞和不安。他们总想成为别的什么人，而不是他们自己。他们总是羡慕他人，模仿他人，总希望自己同别人一模一样，甚至连言谈举止、说话腔调都要效仿他人。

在生存竞争激烈的时代，不展示自己的独特性，不拿出点自己的绝活儿来，连生存都困难，更别谈发展和成功了。

卓别林在进入演艺圈的最初一段时间，煞费苦心地去模仿当时一个闻名遐迩的喜剧大师，结果自己始终默默无闻。后来，卓别林根据自己独有的特殊性创造出了自己的表演风格，这才使他成为有史以来最伟大的电影明星之一。

爱默生曾经说过："羡慕就是无知，模仿就是自杀。"无论是历史上，还是在现实生活中，不知道有多少天赋非凡的模仿者，由于遗忘或者故意掩饰自己的特殊性，最终都一事无成，沦为追随他人的牺牲品。

当然，模仿别人并不是完全不可以。有时候，模仿一些成功者的想法和做法是十分必要的。但是，除非根据自己的特殊性去模仿，在模仿的过程中融入一些真正属于自己的东西，否则，成功和自由是不可想象的。

生命的意义在于创新的刺激，人生最重要的欢乐在于创造。首先必须和别人干得不一样，然后才能比别人干得好；首先必须为这个世界带来一些新的东西，然后才能实现自己的成功和自由。

你就是你，不是别人；你不需要成为别人，你也不可能成为别人。无论你想在哪一个领域中获得自由与成功，你都必须保持自己的本色，培养属于自己的风格。

依赖是对人生的一种束缚

依赖是对生命力的一种束缚，如果处处借助他人的力量帮助自己达成目的，那就好比建在沙滩上的大厦，没有坚实的基础，一阵海浪袭来，就会被冲毁，以致踪迹全无。

人生的道路需要我们自己用脚去行走，没有谁会一直甘心支撑着你前行。无论是工作还是生活，谁会跟随你一生，谁和跟你形影不离？只有你自己。其实，每个人都可以成为自己的上帝，每个人也都应该成为自己的上帝，当人生迷失方向之时多问问自己："我该怎么办？我能怎么办？"在你能对这些问题作出精确判断并着手进行解决时，你就是自己的上帝了。

有一个年轻的农村小伙子，他很厌恶那种面朝黄土背朝天的生活。于是，他丢弃了原先的田地，独自来到城中闯荡。然而，他既没有学问，也没有技术，又好高骛远，所以几个月过去了，他始终没有找到一份合适的工作，而身上带的钱又花光了，最后不得不沦为了乞丐。

一天，已沦为乞丐的他听人说，城里住着一位大师，只要诚心去拜访他，他就能给你一个改变命运的秘诀。

于是，小伙子四处打听，终于找到了那位大师。小伙子来到大师家里，大师并没有因为他是乞丐而轻视他，相反，还礼貌地请他入座，并亲手给他倒上了一杯茶。然后，大师才微笑着问："我有什么能够帮助你的吗？"

小伙子十分感激大师的尊重，连忙说："您能告诉我一个改变命运的秘诀吗？我想变得富有起来。"

听完，大师略带疑惑地问："那你能告诉我，你为什么会沦为乞丐吗？"

这个小伙子顿感无比羞愧，他低下头喃喃说道："因为我厌倦了耕种，希望在城里找到一条发财的路子，然而一切并非像我想象的那样简单。"

大师不解地问："那你现在为什么不回到家里，重新开始呢？"

小伙子嗫嚅道："现在我都沦为乞丐了，还有什么面目回去呢？多丢人啊！"

大师又问："那你现在家里还有什么呢？"

第二章 完成独立：做自己就是最高的信仰

小伙子回答说："除了我这个人！就是几亩早已荒芜的土地了。"

此时，大师点了点头，说道："这两个条件足以使你改变命运了。你回家去吧。"

然后，大师递给小伙子一包花籽，解释道："等你拉一马车花瓣来，我可以告诉你一个炼金的秘诀，而花瓣就是炼金所必需的引子。"

小伙子千恩万谢地离开了大师的居所，毫不犹豫地回到了乡下。他不知疲劳地劳作，那些荒芜的土地重新被开垦出来，然后，他把大师交给他的那些花籽播种在里面。

第一年，他只采得了一竹篓花瓣，因为他留下了大半花朵任其成熟结籽，然后，继续扩大栽种。

第二年，他采集了满满一大马车晒制好的花瓣，来到城里。他再一次找到了大师，恳求说："炼金的引子，我已经弄来了，您可以告诉我秘诀了吗？"

大师看着那一马车晒制好的花瓣，颇为惊讶地说："这就是你炼出的金子呀！"

原来，这些花瓣是一种名贵的中药材。大师让他卖给城里的一些药铺。那些药铺见农夫栽种的药材成色好，而且价格还便宜，纷纷与他签订供货合同。

临走时，小伙子拿出很多钱来，欲送给大师，却被大师谢绝了。

小伙子异常感激地说："谢谢您，是您改变了我的命运，您是我的大恩人啊！"

大师却微笑着摇了摇头说："不要谢我，感谢你自己吧！如果你不肯付出努力，谁又能救得了你呢？"

这个世界上，很多人就像那个小伙子一样，一心等待别人的帮助，以为只有借助外力，才能够改变自己"悲惨"的命运。就像那些鱼儿，只是随波逐流，等待大自然赐予它们丰盛的食物，可是它们等到的却是沙滩上的搁浅后果，无力进退，生命被风干。然而还有另一些鱼儿，它们一直在尝试改变命运，或是逆流而上跃过龙门，或是强化自己成为霸主，它们才是大海真正的主人。

　　同样，你才是自己的救世主，如果你不肯付出努力，谁又救得了你？所以，当你自以为困难重重的时候，不要一直啜泣等待救世主的出现，因为你完全有能力改写自己的命运，你可以顽强地活下去，而且会活得更好。事实上，这个世界根本没有什么救世主，除了我们自己。

生命的负重还要自己托起

　　人是社会的，更是自己的。我们虽然处在一个和谐的社会，但人生中那些风风雨雨的确时常令我们感到无助，我们想要寻求一些帮助，却觉得并没有人愿意真心以对，于是我们又开始痛苦、开始压抑。其实，大可不必，想开就好。我们并没有与谁签订什么"互助协议"，我们本就没资格要求谁为自己做什么、奉献什么。实际上求人不如求己，父母兄弟也好，亲戚朋友也罢，虽说是我们生活中最亲近的人，但脚下的路还得自己走，再多的苦也应该自己扛，谁也替代不了，谁也无法代替你去感受。

当人生遭逢苦难之时，不要一心只想着去找"救命稻草"，你应该静下心来问问自己："我能做什么，我会因此而得到什么？"你的未来，还需要你自己去努力。

有个中国大学生，以非常优秀的成绩考入加拿大一所著名学府。初来乍到的他因为人地两疏，再加上沟通存在一定障碍，饮食又不习惯等原因，思乡之情越发浓重，没过多久就病倒了。为了治病，他几乎花光了父母给自己寄来的钱，生活渐渐陷入困境。

病好以后，留学生来到当地一家中国餐馆打工，老板答应给他每小时 10 加元的报酬。但是，还没干到一个星期他就受不了了，在国内，他可从来没做过这么"辛苦"的工作，他扛不住了，于是辞了工作。就这样，他不时依靠父母的帮助，勉勉强强坚持了一个星期，此时他身上的钱已经所剩无几。所以刚一放假，他便向校方申请退学，急忙赶回了家乡。

当他走出机场以后，远远便看到前来接机的父亲。一时间，他的心中满是浓浓的亲情，或许还有些委屈、抱怨——他可从来没吃过这么多的苦。父亲看到他也很高兴，张开双臂准备拥抱良久不见的儿子。可是，就在父子即将拥在一起的刹那，父亲突然一个后撤步，儿子顿时扑了个空，重重地摔倒在地。他坐在地上抬头望着父亲，心中充满了迷惑——难道父亲因为自己退学的事动了怒？他伸出手，想让父亲将自己拉去，而父亲却无动于衷，只是语重心长地说道："孩子你要记住，跌倒了就要自己爬起来，这个世界上没有任何一个人会是你永远的依靠。你如果想要生存、想要活得更好，只能靠自己站起来！"

听完父亲的话，他心中充满惭愧。他站起来，抖了抖身上的灰尘，接过父亲递给自己的那张返程机票。

他不远万里匆匆赶回家乡，想重温一下久违的亲情，却连家门都没有踏入便返回了学校。从这以后，他发奋努力，无论遇到多少困难、无论跌倒多少次，都咬着牙挺了过来。他一直记着父亲的那句话："没有任何一个人是你永远的依靠，跌到了就要自己爬起来！"

一年以后，他拿到了学校的最高奖学金，而且还在一家具有国际影响力的刊物上发表了论文。

别把太多的希望寄托在别人身上，没有人会永远保护你，父母终究会老去，朋友都会有自己的生活，所有外来的赐予必然日渐远离，所以我们要学着给自己温暖和力量，遇到困难不要灰心、不要抑郁，越是孤单越要坚强，生命的负重还要你来托起。

你要懂得，没有人替你勇敢，没有人可以一辈子为你而活，所以要自己学会坚强。

靠自己才能天长地久

依附是将自我彻底埋没，在经营人生的过程中，它是一场降价行为。生命之本在于自立自强，人格独立方能使生命之树常青。依附他人而活，就算一时能博得个锦衣玉食，也不会安枕无忧，一旦这个宿主倒下，你的人生就会随之轰然倒塌。

依附对于某些人来说是一种生活的无奈，对于某些人来说是一种"好风凭借力，送我上青云"的所谓捷径，但无论如何，你要有自己站起来的能力，否则就算有人真的愿意将你推向高峰，你也不可能在那挺立下去。在这个充满竞争的时代中，我们应该更多地丰盈自己的武器库，装满生存技能，才不至于一败涂地。

曾看到过这样一则寓言，感慨良多。

一只住在山上的鸟与住在山下的鸟在山脚下相遇。山上的鸟说："我的窝刚搭好，参观参观吧。"山下的鸟便跟着去了，到那一看——什么鸟窝，不就是光秃秃的石缝里放着一堆干草吗？

"看我的去。"山下的鸟带着山上的鸟来到一家富人的花园。

"看，那就是我的窝。"山上的鸟望去，果然看到一只精致的木制鸟窝悬挂在紫荆树梢。那窝左右有窗，门面南而开，里面铺着厚厚的棉絮。

山下的鸟自豪地说："像我们这种鸟，有漂亮的羽毛，叫声又不赖，找个靠山是非常容易的。假如你愿意，以后我给你说说，搬这儿来住。"

山上的鸟没有回答，展翅飞走了，再没有回来。

不久后的一天，山上的鸟正在石缝窝里睡觉，听到门口有叫声，伸头一看，山下的鸟正狼狈地站在那儿。它身上的羽毛已不平正，哭丧着脸对山上的鸟说："富翁死了。他的儿子重建花园，把我的窝给拆了。"

人活着，还有什么比依附于人更没有志气，又有什么比依靠自己更长久？山下那只鸟依附在富翁家中，虽有一时的光鲜，却终敌不过石缝中的一堆干草。

第三章
增加勇气：天下绝无不热烈勇敢地追求成功，而能成功的人

具有勇敢性格的人是天生的将军和统帅。他们生性顽强，不愿屈服，敢说敢为，乐于冒险。这类性格的人总会将自己的个性发挥得淋漓尽致，他们在勇敢顽强的共性之下，创造着精彩人生。

恐惧与犹豫会让机会拂袖而去

机会总是伴随着一定风险或困难降临的,如果你总是心怀恐惧,就一定会与机会失之交臂,因此,抛掉你的恐惧心态吧,这样才能把握住人生的机会。

有一个人,在某天晚上碰到了上帝。上帝告诉他,有大事要发生在他身上,他有机会得到很多的财富,他将成为一个了不起的大人物,并在社会上获得优越的地位,而且会娶到一个漂亮的妻子。

这个人终其一生都在等待这个承诺的实现,可是到头来什么事也没发生。

这个人穷困潦倒地度过了他的一生,最后孤独地死去。

当他上了天堂,又看到了上帝,他很气愤地对上帝说:"你说过要给我财富、很高的社会地位和漂亮的妻子,可我等了一辈子,却什么也没有,你在故意欺骗我!"

上帝回答他:"我没说过那种话,我只承诺过要给你机会得到财富、一个受人尊重的社会地位和一个漂亮的妻子,可是你却让这些机会从你身边溜走了。"

这个人迷惑了,他说:"我不明白你的意思?"

上帝回答道:"你是否记得,你曾经有一次想到了一个很好的点子，可是你没有行动，因为你怕失败而不敢去尝试？"

这个人点点头。

上帝继续说："因为你没有去选择，这个点子几年后给了另外一个人，那个人一点也不畏惧，勇敢地去做了，你可能记得那个人，他就是后来变成全国最有钱的那个人。还有，一次在城里发生了大地震，城里大半的房子都毁了，好几千人被困在倒塌的房子里，你有机会去帮忙拯救那些存活的人，可是你害怕小偷会趁你不在家的时候，到你家去打劫，偷东西。"

这个人不好意思地点点头。

上帝说："那是你去拯救几百个人的好机会，而那个机会可以使你在全国得到莫大的尊敬和荣耀啊！"

上帝继续说："有一次你遇到一个金发蓝眼的漂亮女子，当时你被她强烈地吸引了。你从来不曾这么喜欢过一个女人，之后也没有再碰到过像她这么好的女人了。可是你想她不可能会喜欢你，更不可能会答应跟你结婚，因为害怕被拒绝，你眼睁睁地看着她从身旁溜走了。"

这个人又点点头，可是这次他流下眼泪。

上帝最后说："我的朋友啊！就是她，她本来应是你的妻子，你们会有好几个漂亮的孩子；而且跟她在一起，你的人生将会有许许多多的乐趣。"

这个人无言以对，懊恼不已。

我们每天身边都会出现很多的机会，包括爱的机会。可是我们经常像故事里的那个人一样，总是因为害怕而止步不前，结果机会就这样偷偷地溜走了。只有及时抓住机会的人，才能获得人生的成功。在有准备的人眼中，抓住机会努力改变自己，更多的机会就会出现在眼前。

机会是属于有勇气的人的，而我们往往因为害怕失败而不敢尝试，因为害怕被拒绝而不敢跟他人接触，因为害怕被嘲笑而不敢跟他人沟通情感，因为害怕失落的痛苦而不敢对别人付出承诺。

能否把握机会，实在是决定人生能否成功、是否如意的关键。用一种积极进取的态度对待生活，我们的人生就会得到提升。机会不等人，千万不要让它从你的指缝中溜走，否则你就会一事无成。

机会更青睐果断无畏的人

一个人要想把握住机遇，掌握自己的命运，除了具备独立的个性以外，更需要培养一种果断的个性。性格果断的人能抓住机遇，而性格优柔寡断的人就会失去机遇。

在选择面前，在机遇面前，在困惑面前，在众人面前需要决策时，果断会显得难能可贵。果断，是一种性格，也是一种气质，它会让身边的人体验到雷厉风行的作风。果断更是一种意境，只有果断行事、当机立断的人，才会让人钦佩、羡慕、依赖，并从中获得人们的信任感。

美国的钢铁巨头卡内基就是一个性格果断。善于把握机遇的人。

第三章 增加勇气：天下绝无不热烈勇敢地追求成功，而能成功的人

卡内基预料到，南北战争结束之后，经济复苏必然降临，经济建设对于钢铁的需求量便会与日俱增。

于是他义无反顾地辞去铁路部门报酬优厚的工作，合并了由他主持的两大钢铁公司——都市钢铁公司和独眼巨人钢铁公司，成立了联合制铁公司。同时，卡内基让弟弟汤姆创立匹兹堡火车头制造公司和经营苏必略铁矿。

当时，美国击败了墨西哥，夺取了加利福尼亚州，决定在那里建造一条铁路，同时，美国规划修建横贯大陆的铁路。

在当时，几乎没有什么投资比铁路更加赚钱了。

联邦政府与议会首先核准联合太平洋铁路，再以它所建造的铁路为中心线，核准另外三条横贯大陆的铁路线。

但一切远非如此简单，纵横交错的各种相连的铁路建设申请纷纷提出，竟达数十万之多，美洲大陆的铁路革命时代即将来临。

"美洲大陆现在是铁路时代、钢铁时代，需要建造铁路、火车头、钢轨，钢铁是一本万利的。"卡内基这么思索。

不久，卡内基向钢铁发起进攻。在联合制铁厂里，矗立起一座22.5米高的熔矿炉，这是当时世界最大的熔矿炉。对它的建造，投资者都感到提心吊胆，生怕将本赔进去一无所获。

但卡内基的努力让这些担心成为杞人忧天。他聘请化学专家驻厂，检验买进的矿石、灰石和焦炭的品质，使产品、零件及原材料的检测系统化。

在当时，从原料的购入到产品的卖出，往往显得很混乱，直到结账时才知道盈亏状况，完全不存在什么科学的经营方式。卡内基大力整顿，实施了层次职责分明的高效率的管理，使生产水平大

为提高。

同时，卡内基买下了英国道兹工程师"兄弟钢铁制造"专利，又买下了"焦炭洗涤还原法"的专利。

他这一做法不乏先见之明，否则，卡内基的钢铁事业就会在不久之后的经济大萧条中成为牺牲品。

与果断性相反的性格意志特征就是优柔寡断型。这种人在采取和执行决定时，总是犹豫不定，踌躇不前，陷于无休止的动机冲突之中。

犹豫者的性格突出表现为遇事优柔寡断。在我们的生活中，常会见到一些优柔寡断的人，他们无论大事还是小事都难以作出决定。究其原因，他们总希望作出正确的选择，他们以为通过推迟选择便可以避免犯错误，从而避免忧虑，却因此一无所成。

一个人要想在事业上有所作为，就必须抛弃犹豫与徘徊，当机立断，果断决策，及时把握人生的契机。

培养挑战未来的勇气和能力

信念和勇气的力量是如此奇妙，有的人活了一辈子却从未有过坚定的信念和巨大的勇气，但有的人却能从体内爆发出惊人的力量，而他们做梦也没想过自己的内心深处竟然蕴藏着如此巨大的力量。

第三章　增加勇气：天下绝无不热烈勇敢地追求成功，而能成功的人

懦弱的性格是一个人取得成功的大敌，所以你不应该懦弱；相反，你应该具备挑战未来的勇气和能力。一个人如果懦弱，那么他应该有所改变，必须培养和树立坚定的信心，才有可能勇敢地去做自己想做的事，否则就会畏首畏尾，蹑手蹑脚，永远走不出黑暗。不论遇到什么问题，哪怕是面临失败，我们都不应该灰心丧气，要勇敢地正视它，以积极的态度寻找解决的办法。一旦问题解决了，我们的自信心也会为之大增，才能具备挑战未来的勇气。

自我暗示有助于你向懦弱宣战。当你察觉到自己性格中有懦弱的一面时，当你因为懦弱而误了很多大事时，你就应该不断地对自己说："我要勇往直前，我比任何人都勇敢，没有一个人可以击败我。"经常反复地跟自己这样说，就等于你在不断地把健康有益的观念输入自己的潜意识，时间长了，这些健康有益的观念就会改变你的人生态度，使你勇往直前，具备了挑战未来的勇气。

巴顿将军青少年时代就雄心勃勃，心存大志，发誓要成为一名勇往直前、毫不畏惧的将军。

小时候，巴顿发现自己虽然勇敢，但在危险面前也并非毫无顾虑。因此，他决定锻炼自己的胆量，克服隐藏在自己内心深处的恐惧心理，并时刻以"不让恐惧左右自己"自勉。

在西点军校学习期间，他有意识地锻炼自己的勇气。在骑术练习和比赛中，他总是挑最难跨越的障碍和最高的栅栏。在西点军校的最后一年里，有几次狙击训练，他突然站起来把头伸进火线区之内，要试试自己的胆量。为此，他受到了父亲的责备，而巴顿却满不在乎地说："我只是想看看我会有多害怕，我想锻炼自己，使自己不再胆怯。"

就这样，巴顿的性格变得异常勇猛无畏，而且这种精神自始至终地贯穿于他的军事生涯。

1944年6月，盟军与法西斯德国之间的最后大决战以诺曼底登陆为先导打响了。在随之而来的一系列重大战役中，巴顿充分发挥装甲部队快速、机动和火力强大等特点，采取长途奔袭和快速运动的战术，以超常规的速度在欧洲大陆上大踏步前进，不顾一切地穷追猛打，长驱直入，穿越法国和德国，最后到达捷克斯洛伐克。

巴顿是在极其艰难的情况下向前推进的，他曾直率地告诉自己的下属，他要对付的"敌人"有两个——德军和自己的上司！（上司，指自己）对于战胜德军，巴顿满怀信心；对于能否"制服"自己的上司，他却没有把握。但是有一点巴顿从未动摇过："我们一分钟也不能耽搁，速度就是胜利！"在巴顿的鼓舞下，全体将士士气高昂，斗志旺盛，每个人都强烈地渴望向莱茵河进军，他们的直觉告诉自己：如果继续前进的话，没有任何力量可以阻挡。

在推进过程中，巴顿抓住一切战机迅速果断地围歼敌军。在281天的战斗中，巴顿率领的部队在100多英里长的战线上作战，部队正面向前推进了1000多英里，解放了130座城镇和村落，歼敌140余万，为解放法国、捷克斯洛伐克等国家并最终击败纳粹德国立下了汗马功劳。

巴顿创造的战绩是巨大的，也是惊人的。正如驻欧洲盟军总司令艾森豪威尔将军在战后所说："在巴顿面前，没有不可克服的困难，没有不可逾越的障碍，他简直就像古代神话中的大力神，从不会被战争的重负压倒。在"二战"的历次战役中，没有任何一位高级将领有过像巴顿那样神奇的经历和惊人的战绩。"

第三章 增加勇气：天下绝无不热烈勇敢地追求成功，而能成功的人

在作战方面，巴顿堪称世界现代战争史上最杰出的军事家之一，其主要特点是勇敢无畏的进攻精神。巴顿特别强调装甲部队的大范围机动性，尽一切努力使部队推进、推进再推进。巴顿在战斗中的一句口头禅是："要迅速地、无情地、勇猛地、无休止地进攻！"有时，他下令："我们要进攻、进攻，直到精疲力竭，然后我们还要再进攻。"有时，他对部下说："一直打到坦克开不动，然后再爬出来步行……"正是这种勇敢无畏的进攻精神，使得巴顿率领的部队在战场上所向无敌，无往而不胜。

巴顿的勇猛无畏使他赢得了"血胆将军"的称号，并因在"二战"中立下赫赫战功而被授予"四星上将"的军衔。

世界著名成人教育家卡耐基说："我们每个人的生活面貌都是由自己塑造而成的，如果我们能学会接受自己，看清自己的长处，明白自己的短处，便能踏稳脚步，达到目标。"

事实上，每个人生来的素质都差不多，别人能做成的事，你也能做成。一切艰难和困苦都要由自己承担，不要推卸责任，要勇于承担一切。你应该有充沛的精力和伟大的魄力，要鼓起勇气，下定决心，与一切懦弱的思想作斗争。只有这样，你才能激发进取的勇气，才能感受生活的快乐，才能最大限度地挖掘自身的潜能。生活中的恐惧和不安，其实都是因为你的勇气不足，一旦获得了勇气，很多问题便能迎刃而解了。

勇气来自于正气，正气是勇气的基础，无论是谁，只要他掌握了正气，也就掌握了主动权，掌握了无穷的力量。在正气面前，在公众利益面前，只要你有理在手，一定可以战胜邪恶。

或许有时命运会将我们置于忍无可忍的痛苦深渊，那个时候我

们也要磨炼自己的意志，强化自己的信念，你要知道信念有压倒一切的力量。在我们的内心深处，要永远保持"坚持到底就是胜利"的信念。当你历尽艰辛仍前途渺茫，甚至走投无路、万念俱灰时，不屈的信念会给你的情感以温暖，给你的意志以鼓舞，给你的精神以引导。没有任何一种生活是十全十美的，但只要有坚定的信念，就没有改造不了的自我，就没有逾越不了的屏障，就没有抵达不了的彼岸。树立远大的目标，发掘自我的潜能，那么，所有瞻前顾后的疑虑、驻足不前的懦弱和逆来顺受的消极统统都会被我们置于脑后，我们将获得无坚不摧的信心和勇气。

无论你的一生是平淡还是辉煌，无论你是大树还是小草，无论你是杰出还是平庸，这一切都取决于你的性格，取决于你的勇气。你应该相信自己的潜在优势，增强自信心，消除懦弱性格。胆小的人，他们真正的敌人是自己。一个具有进取性格的人，必须具备英勇无畏的品格和超人的创造力。在人类历史上，只有那些相信自己、英勇无畏而又富有创造力的人，才能成就伟大的事业。

生活是值得冒险的

众所周知，人们可能经常面临一些恐惧的情境，那是因为生活里总是充满着危险。我们并不认为必须要去避免危险。有些风险可

第三章　增加勇气：天下绝无不热烈勇敢地追求成功，而能成功的人

能值得我们去尝试，去勇敢战胜，可能给我们很大收获。逃避不是办法，我们认为只要看准是正确的事情就应该去做。即使正确的事情里包含着许多危险，也该去冒险。

一位心理学家到托拉斯州的威奇托城演讲，要到达目的地，他必须乘飞机从纽约到辛辛那提去，路程大概有900公里。毕奇航空公司的老板毕奇夫人很慷慨地借给他一架飞机并给他配了一位驾驶员。当他们飞到密西西比州上空时，本来晴朗的天空一下子变得雾蒙蒙的，能见度极低。"我们必须飞过雾气层，"驾驶员说，"因为地面的热气、尘土和烟雾常会引起低空的薄雾。这样危险极大，要保证安全，我们必须要再飞高1000英尺，飞到雾气上方去。"当飞机升高后，他们果然进入了一个完全不同的世界。更上层的天空晴朗无比，能见度非常高，是适合飞行的绝好环境。当我们向未知的领域前进一步时，可以发现更蓝的天空。

我们的生活是复杂的，也是变化多端的。有时风平浪静，有时险象环生；有时丽日晴空，有时风雨雷电；有时鲜花盛开，有时满路荆棘。面对多样复杂的生活，如何唱响成功的主旋律？成功者的回答是：勇于面对风险，不向恐惧屈服，大胆去开拓和创造。

如果我们的生活总是波澜不惊，千篇一律，这样机械单调的生活如何激发人们的热情和朝气？如果今天总是一成不变地重复着昨天的故事，每天毫无变化地生活着，人们很难健康茁壮地成长，更别说什么增长智慧了？人们希望长寿，希望过好日子，希望在不远的将来有全新的格局出现。因此只有具有打破陈规陋习的勇气，不为传统所束缚、吓倒，生命才有意义。

虽然我们不知道未来是什么样子，但至少要了解未来存在着成

功的可能性。康德说:"在人的心中有一种追求无限和永恒的倾向。这种倾向在理性中的最直观表现就是冒险。"因此,有人把世界看成是一个赌场,看成是冒险家的乐园。只有勇敢冒险,直面恐惧,不胆怯,不逃避,具有战胜危险的决心的勇士,才能真正体验到生活的激情和快感,才有成为强者的更大机遇。

不经过无数次的冒险,人类不可能从茹毛饮血的原始社会,进化到现代能够坐在装有中央空调的房子里品尝咖啡的时代。

哥伦布发现新大陆,诺贝尔发明炸药,哥白尼创立天体运动论……这些历史上的著名事件,都开始于冒险。这些给人类带来重大改变的英雄,无一不是直面恐惧的勇士。只有具有大无畏的胆识,敢于怀疑并打破过去的不合理秩序,通过冒险克服困难而取得胜利后,才能真正享受到成功的喜悦。

果断行动,把握人生的契机

一个人要想事业有成,崭露头角,就必须抛弃犹豫与徘徊,当机立断,果断决策,及时地把握人生的契机。

美国佛罗里达大学电视台开辟了一个特别节目《商机在哪里》,每期请一个嘉宾,讲述他们如何捕捉商机、发财致富的故事。第一期节目请到的是美国默卡尔集团董事长菲利博·默卡尔。默卡尔讲述

第三章 增加勇气：天下绝无不热烈勇敢地追求成功，而能成功的人

了发生在很多年前的一个故事。

1975年3月，美国《华尔街日报》登载了一则消息：墨西哥发生了猪瘟疫并且波及牛羊等动物。一般人看到这则消息不会重视，然而，当时身为一家小型肉食加工公司老板的菲利博·默卡尔看到这则消息后，高兴得一下从沙发上弹了起来。他想，如果墨西哥的情况真的如此，瘟疫一定会从加利福尼亚州或者得克萨斯州边境传染到美国来，而这两个州又是美国肉食供应的主要基地，到时候，肉食供应肯定会紧张，肉价一定会随之猛涨。这正是自己做大肉食生意的好机会。

为了证实报纸上消息的可靠性，默卡尔当天就派私人医生亨利亚赶往墨西哥实地考察。亨利亚历时一周，在墨西哥进行深入的了解，证实了那里果然发生了猪瘟疫，而且瘟疫正在迅速蔓延，他立即把这个情况电告默卡尔。

默卡尔接到电报后，果断作出了决策：集中公司全部资金，投放所有人力，去加利福尼亚州和得克萨斯州，购买大量牛肉和生猪，并将之迅速运到美国东部，该加工的加工，该贮藏的贮藏。不到一个月的时间，默卡尔的公司掌握了足够多的肉类食品。

正如默卡尔预料的那样，墨西哥的猪瘟疫很快蔓延到了美国西部边境的几个州。为了防止其进一步扩散，美国政府下令：严禁一切食品从这几个州外运，当然也包括可制作食品的活牛、生猪在内。于是，美国国内肉类奇缺，价格暴涨。默卡尔肉食加工公司由于事先已加工储备了大量肉食，有备无患，仅用8个月的时间就净赚1500万美元。后来公司做大做强，默卡尔就成立了默卡尔集团，默卡尔集团也成了美国的知名企业。

最后，默卡尔说了这样一段话："在我们的生活中，处处充满了商机，但商机就像天空的闪电，稍纵即逝。因此，要抓住机会，果断决策，心动之后要立即行动。"

在选择面前，在机遇面前，在困惑面前，在众人面前需要决策时，果断，会显得难能可贵。果断，是一种性格，也是一种气质，它会让身边的人体验到雷厉风行的快感。果断更是一种意境，只有果敢行事、当机立断的人，才会让人钦佩、羡慕、信赖，并从中获得安全感。

这是一个需要果断的时代。要想培养果断的性格，可以从以下几个方面入手。

1. 学会决断。几乎每个成功的人都能迅速对某件事情作出决断，并且不会经常变动；而失败的人在作决断时，通常很慢，而且会经常变动决断的内容。当然，也有小部分人从来不敢作一些重要决定，他们永远无法自行做主，并认真贯彻这一决断。

学会决断，要善于把握时机。俗话说："机不可失，时不再来。"果断的谋略总是在特定的时间和地点，在特定的条件下才能保证成功的。

2. 独立思考很重要。善于独立思考，就不要为别人的意见所左右，只要自己认准的事情，就全力以赴去实施。

3. 想好了就不要犹豫。当鱼和熊掌不能兼得之时，你必须当机立断，抓住时机，马上出击。常言道：一鸟在手，胜过群鸟在林。当机遇在你面前出现时，千万不要犹豫，因为机遇稍纵即逝。倘若犹豫不决，患得患失，只会错失良机。

4. 关键是勇气。人生是一个不断选择的过程，在选择的同时要权衡、取舍。最关键的是要有勇气,并时刻准备好承担这种选择的后果。

5. 切忌瞻前顾后。瞻前顾后的性格,让到手的好机会悄然溜走。该下决心的时候,一定要果断,利落,要充分把握机会。

6. 果断,不拒绝谨慎。果断不同于冒失或轻率。果断是充分估计客观情况而作出的准确决定。因此,在情况发生变化时,也要基于新情况,将决策适当地进行调整,然后,果断地予以实施。只有审时度势地作出果断的决策,才能更好地把握成功的机会。

任何难题都不要逃避

逃避是懦弱的表现,并且不可能解决问题,反而会让事情越来越糟。因此,必须学会直面现实,勇敢地解决出现的问题。

A君是某公司经理,一次,他的一个助手出了一个纰漏,给公司造成了损失,六神无主的助手找到A君,表示要辞职。这时,A君给他讲了一个藏在心里已久的秘密:"8年前,我受雇于一家建筑公司当业务员,由于我的勤劳能干,大量欠款源源不断地收回,公司颓败的景象颇有改观。老板也很赏识我,几次邀我到他家吃饭。就在这时,他唯一的女儿悄悄地爱上了我,常常送一些精美的小玩意儿给我。我起初不敢接受,后来碍于情面只得收下。就这样过了两年,当有一天我告诉她我不能再给予她太多时,她一气之下寻了短见。

"她的三个哥哥咆哮不止,扬言非要我偿命不可。那时我手里已有了为数不少的积蓄,很多人劝我一走了之。我没有这样做,心里只有一个念头:事因既然在我,我必须回去面对这一切,是死是活,无关紧要。

"当我走进她的家门,一群人向我扑来,可她的父亲——我的老板向其他人摆了摆手,走上来紧握着我的手,良久才缓缓地说了这么一句话:'一个女人愿意为你献身,说明你是一个不同凡响的人;你敢来面对这一切,说明你是一个有血有肉的人。'"

A君的话给了他的助手很大触动,他决定留下来,接受董事会的裁决。结果,董事会认为他敢于面对问题,只是扣了他两个月奖金。

故事中,A君明知老板家等着他的是一场暴风雨,却没有因此一走了之,而是勇敢地去面对,这种精神值得我们每个人学习。生活中,当发生一些困难的事或令人痛苦的事时,很多人都习惯于逃避,然而事实就是事实,已经发生的不可能再改变。逃避、不敢面对其实就是在自我欺骗,这样只会使人变得更痛苦。而且一旦逃避成了习惯,人就会变得消沉,不再进取,到头来将一事无成。

已故的布斯·塔金顿总是说:"人生加之于我的任何事情,我都能面对,除了一样,就是瞎眼。那是我永远也无法忍受的。"

但是这种不幸偏偏降临了,在他六十多岁的时候,他发现自己看东西时是模糊的。他去找了一个眼科专家,证实了不幸的事实:他的视力在减退,有一只眼睛几乎全瞎了,另一只好不了多少。他最怕的事情终于发生了。

塔金顿对这种"无法忍受"的灾难有什么反应呢?他是不是觉

第三章 增加勇气：天下绝无不热烈勇敢地追求成功，而能成功的人

得"这下完了，我这一辈子到这里就完了"呢？没有，他自己也没有想到他还能非常开心，甚至于还能运用他的幽默。以前，浮动的黑影令他很难过，它们时时在他眼前游过，遮挡他的视线，可是现在，当那些最大的黑影从他眼前晃过的时候，他却会说："嘿，黑影来了，不知道今天这么好的天气，它要到哪里去。"

当塔金顿完全失明之后，他说："我发现自己是个能承受视力减弱的人，就像一个人能承受别的事情一样。要是我五种感官全丧失了，我知道我还能够继续生存在我的思想里，因为我们只有在思想里才能够看，只有在思想里才能够生活，无论我们是否知道这一点。"

塔金顿为了恢复视力，在1年之内接受了12次手术，为他动手术的就是当地的眼科医生。他没有害怕，他知道这都是必要的，他知道他没有办法逃避，所以唯一能减轻他痛苦的办法，就是爽爽快快地去接受它。他拒绝在医院里用私人病房，而住进大病房里，和其他的病人在一起。他试着去使大家开心，而在他必须接受好几次手术时——而且他很清楚地知道在他眼睛里动了些什么手术——他总是尽力让自己去想他是多么的幸运。"多么好啊，"他说，"现在科学的发展已经到了这种地步，能够为像人的眼睛这么纤细的东西动手术了。"

一般人如果经历12次以上的手术和不见天日的生活，恐怕都会发疯发狂了，可是塔金顿说："我可不愿意把这次经历拿去换一些更开心的事情。"这件事教会他面对不如意的事，就像他所说的："瞎眼并不令人难过，难过的是你不能面对这个事实。"

我们在一生中，也常常遇到失败。失败就是这样，你逃避它，它就拼命地追逐你；你面对它，它就会停步。所以说，失败并不可

- 155 -

怕，不敢面对它才更可怕。

日本大企业家松下幸之助对这一理念阐述得最透彻，他说："跌倒了就要爬起来，而且更要往前走。跌倒了站起来只是半个人，站起来后再往前走才是完整的人。"

日本三洋电机公司顾问石藤清一曾在松下电器公司担任厂长，当时松下幸之助就给了他最好的教育机会。有一次，日本遭逢有史以来最狂暴的台风，虽无人员伤亡，但工厂却几近毁灭。石藤心想：好不容易迁到新厂，正想全力生产、大干特干时，却遭此打击，老板心理上一定很沮丧吧！

松下是在台风即将停止之前赶到工厂的，此时，不巧的是松下夫人也因身体不适而住院，他是探病之后赶来的。

"老板，不好了，工厂遭逢巨变，损失惨重，我来当向导，请巡视工厂一趟吧！"

"不必了，不要紧，不要紧。"

老板手中握着纸扇，仔细地端详它，横看、纵看，神情异常地冷静。

"不要紧，不要紧。失败没什么了不起的，跌倒就应爬起来。婴儿若不跌倒就永远学不会走路。孩子也是，跌倒了就应立即站起来，嚎哭是没有用的，不是吗？"

松下说完掉头就走，对工厂的灾难毫无惊恐失色之态。

胜败乃兵家常事，重要的是要敢于面对失败，重整旗鼓，开辟人生的另一个战场。

逃避现实的人，永远也无法获得成功。生命中总有这样或那样的挫折，只有勇敢面对，才能真正地享受生活。

第四章
保持乐观：阳光心态才是福气的来源

在这个充满竞争和压力的社会，越来越多的人渴求成功，有些人付出了很多努力，却离成功越来越远；有些人每天都在加班，但是工作仍然毫无起色；有些人攀上了事业的高峰，但是压力却越来越大，快乐越来越少……问题出在哪里？可能就是因为没有一个乐观的性格和阳光的心态。塑造阳光的性格，才能驱散心中的阴霾，拥有人生的万里晴空。

克服悲观自怜的情绪

　　我们大多数人的一生中都必须经历一些挫折和失意。有的人遇到人生的失意时，觉得世间一切都不尽如人意，忧郁不安，悲观自怜，结果更加失意，以致失去了人生的幸福和欢乐。好的方法应该是寻找产生沮丧悲观心理的原因，从而对症下药，寻求解决问题的良好途径。

　　沮丧情绪往往会扩大生活的不幸。有的人在沮丧中形成了对他人冷漠的态度，实际这样做不但无助于事情的解决，还可能进一步地伤害自己。因为这样做，无论是在肉体上，还是在精神上都将进一步影响自己的情绪，使自己无法坚强地面对现实。其实，沮丧是一种常见的情绪，很难引起人足够的重视，但我们不能不注意这个细节，不要因沮丧而扩大生活的不幸。

　　任何一个人都会遇到不幸，甚至是灾难，可是，不幸与灾难的本身并不可怕，可怕的是有很多人在不幸中变得悲观沮丧、冷漠、偏执、不信任人，天天以泪洗面，觉得全世界的人都对不起自己。假如因小小的沮丧而流泪，扩大自己的不幸，那样你就会真的不幸了。

　　在生活中，任何一个人都会有沮丧的时候，但沮丧并不是不可以克服的。一遇上不幸的事情就悲观的人是很难成就大事的，悲观并不能使不幸变为幸福，最重要的是要坚强地去面对困难。

越担惊害怕，就越遭灾祸。因此，一定要懂得积极心态能够带来力量，要相信希望与乐观能引导你走向成功。

尽管处境很艰难，也要试着去寻找积极的因素。这样，你就不会放弃取得微小胜利的努力。你越乐观，克服困难的勇气会越多。

以幽默的态度来对待现实中的各种各样的失败。有幽默感的人，才具有能力轻松地战胜厄运，排除随之而来的倒霉念头。

不要被逆境所困扰，也不要幻想出现什么奇迹。一定要脚踏实地，坚持不懈，全力以赴去争取胜利。

不要把悲观情绪作为保护你失望情绪的缓冲器。乐观的心态是希望之花，能赐予人以力量。

当你失败的时候，你要想到你曾多次获得过的成功，这才是值得你庆幸的。假如6个问题，你做对了3个，那么还是完全有理由庆祝一番，因为你已经成功地解决了一半的问题。

在闲暇时，你要尽可能多地接近乐观的人，观察他们的行为。通过你的观察，你或许会培养起乐观的态度，乐观的火种会渐渐地在你内心点燃。

靠努力而不是靠运气抓住机会

爱默生说:"只有肤浅的人相信运气。坚强的人相信凡事有果必有因,一切事物皆有规则。"

在我们生活的周围,有很多这样的人:他们消极、懒惰、安于现状、不思进取,凡事都不积极地去努力奋斗,只是抱着得过且过、当一天和尚撞一天钟的想法,每天浑浑噩噩地混着日子。

他们羡慕别人成功,但从不检讨自己,更没有从深层次去分析别人是怎样成功的,只是一味地埋怨自己运气不佳。

曾经担任英国航空部部长的比佛布鲁克认为努力才是最可靠的。他讲道:"我常警告追求成功的人,不要依赖运气,没有任何想法比依赖运气更愚蠢、更不切实际的了。这个世界凡事有因必有果,运气可以说是不存在的。有时你认为某人成功得很侥幸,但他为成功付出的代价岂是你能体会的?"

一个人说自己相信运气时,其实是说他相信自己所不能控制的因素。因此相信运气不过是个偷懒的借口罢了。

人们对待运气应该采取的正确看法是:不要相信它,更不要依靠它。生来就好运或生来运气就不好,都只是愚人的借口罢了。许多好运是由勤勉和正确的判断力形成,运气不好,往往是不够努力或观察力不佳的结果。

赌徒是运气的忠实信徒，他们必须靠手气决定输赢，这样的人生简直是场梦魇，他们对前途永远茫然，永远无法掌握自己的生活。

如果一个人相信运气会从天而降，他就会不断地拒绝各种机会，因为那些机会都不够好，他所要的是名利双收和高的职位，他不屑从基层起步。我们可以想象，不久人们便不会给他任何机会了，而他一生很可能就这样耗掉。一味依靠运气，使他丧失许多机会。

一个真正想成功的人，会把运气撇在一边，抓住每一个机会，不放过任何让他成功的可能。他不会等待运气护送他走向成功，而会努力换取更多成功的机会。

他可能会因为经验不足、判断失误而犯错，但是只要肯从错误中学习，等他逐渐成熟后，就会成功。

真正想成功的人，不会只是坐下来怨天尤人，埋怨运气不佳。他会检讨自己，再接再厉。21世纪是一个充满竞争与挑战的时代，消极、懒惰、无所作为的人终将被这个时代所抛弃。

一个人无论其自身条件如何，只要他有积极、乐观的性格，并将它与其他成功法则结合起来，就可能到达成功的彼岸；反之，无论他自身条件如何优越，机会千载难逢，只要他是一个消极的人，其失败是必然的。美国总统富兰克林·罗斯福就是一个性格积极、乐观的人，所以才成就了事业的典范。

罗斯福成功的主要因素在于他不相信运气的存在，他靠的是健康向上、乐观的性格和努力的奋斗，最后终于在恶劣的环境中找到了成功的秘诀。

我们每个人都应该努力培养一个健全、乐观的性格，因为拥有这样的性格就拥有了一个良好的心态。心态会决定人的机遇，这是放之四海而皆准的真理。

笑对世间起伏事

天有不测风云，人有旦夕祸福，生命之舟始终沉浮不定。我们要笑看人生沉浮："沉"时，志气不能丢；"浮"时，骨气不动摇。一个人拥有乐观的性格与心态，从容淡定地应对人生的沉浮，便能使自己的每一天都过得开心愉快。

很久以前，有一个屡屡失意的年轻人来到寺院，慕名拜访老僧释圆大师。"人生总不如意，苟且活着，有什么意思？"年轻人沮丧地对释圆大师说道。

释圆大师静静听着年轻人的叹息，随后吩咐小和尚说："这位施主远道而来，烧一壶温水送过来。"过了一会儿，小和尚送来了温水，释圆大师抓了茶叶放进杯子，然后用温水沏了，微笑着请年轻人喝茶。

杯子里冒出微微的水汽，茶叶静静地浮着，年轻人不解地询问："宝刹怎么用温水泡茶？"释圆大师笑而不语。年轻人喝了一口细品，不由摇摇头："一点茶香都没有。"释圆大师说："这可是名茶铁观音啊。"年轻人又端起杯子品尝，然后肯定地说："真的没有一点茶香。"

释圆大师又吩咐小和尚说:"再去烧一壶沸水送过来。"不一会儿,小和尚便提着一壶沸水进来。释圆大师起身,又取过一个杯子,放茶叶,倒沸水,再放在茶几上。年轻人俯首看去,茶叶在杯子里上下沉浮,丝丝清香不绝如缕,令人望而生津。年轻人欲去端杯,释圆大师作势挡开,又提起水壶注入一线沸水,茶叶翻腾得更厉害了,一缕更醇厚、更醉人的茶香袅袅升腾。释圆大师如是注了5次水,杯子终于满了,这时一杯碧绿的茶水端在手上清香扑鼻,入口沁人心脾。

释圆大师笑着问:"施主可知道,同是铁观音,为什么茶味迥异?"年轻人思忖着说:"一杯用温水,一杯用沸水,冲茶的水不同。"释圆大师点头:"用水不同,则茶叶的沉浮就不一样。温水沏茶,茶叶轻浮水上,怎会散发清香?沸水沏茶,反复几次,茶叶沉沉浮浮,最终释放出四季的风韵:既有春的幽静、夏的炽热,又有秋的丰盈和冬的清冽。世间芸芸众生,又何尝不是沉浮的茶叶?那些不经风雨的人,就像温水沏的茶叶,只在生活表面漂浮,根本浸泡不出生命的芳香;而那些栉风沐雨的人,如被沸水冲沏的酽茶,在沧桑岁月里几度沉浮,才有那沁人的清香啊!"

年轻人若有所思,惭愧不已。

浮生若茶,我们何尝不是一撮生命的清茶?命运又何尝不是一壶温水或滚烫的沸水?茶叶因为沉浮才释放了本身的清香,而生命也只有遭遇一次次挫折和坎坷,才激发出人生那一缕缕幽香!

在我们未来的人生旅途中,总会发生许许多多的变化:贫富的变化、环境的变化、工作的变化、身份的变化,所有的变化最终都会引起生活的变化，以至人生的变化。在变化中，培养自己豁达开朗的性格，用积极处世的心态把握人生，在变迁中体验人生，不断地改变自己的生活目标，调节生活内容，只有这样，生活之舵才不会有所偏移；让自己主动去适应每一次沉浮变幻，未来的生活才有定向。否则，终有一天会迷失方向而不知何去何从。

我们都是平凡人，有时背一点、穷一些是常事，学会豁达、洒脱，摆脱心浮气躁，才会拥有一个幸福安然的人生。

古希腊大哲学家苏格拉底还是单身汉的时候，曾经和几个朋友住在一间只有七八平方米的小屋里，可他一天从早到晚总是乐呵呵的。

有人问他："那么多人挤在一起，连转个身都困难，有什么可高兴的？"

苏格拉底说："朋友们在一块儿，随时都可以交换思想、交流感情，这难道不是很值得高兴的事儿吗？"

过了一段时间，朋友们一个个成家了，先后搬了出去。屋子里只剩下了苏格拉底一个人，但是每天他仍然很快活。

那人又问："你一个人孤孤单单的，有什么好高兴的？"

苏格拉底说："我有很多书啊！一本书就是一个老师，和这么多老师在一起，时时刻刻都可以向它们请教，怎能不高兴呢！"

几年后，苏格拉底也成了家，搬进了一座大楼里。这座大楼有七层，他的家在最底层。底层在这座楼里是最差的，不安静也不安全，更不卫生，楼上面总是往下面泼污水、丢死老鼠、破鞋子、臭袜子和乱七八糟的脏东西。那人见他还是一副喜气洋洋的样子，好奇地问："你住这样的房间，也感到高兴吗？"

"是呀！"苏格拉底说，"你不知道住一楼有多少妙处啊！比如，进门就是家，不用爬很高的楼梯；搬东西方便，不必花很大的劲儿；朋友来访容易，用不着一层楼一层楼地去叩门询问。特别让我满意的是，可以在空地上养花种菜。这些乐趣，真是享用不尽啊！"

过了一年，苏格拉底把一层的房间让给了一位朋友。这位朋友家有一个偏瘫的老人，上下楼很不方便。他搬到了楼房的最高层——第七层，可是每天他仍是快快活活的。

那人揶揄地问："先生，住七层楼也有很多好处吗？"

苏格拉底说："是呀，好处多着呢！仅举几例吧：每天上下几次，是很好的锻炼机会，有利于身体健康；光线好，看书写文章不伤眼睛；没有人在头顶干扰，白天黑夜都非常安静。"

对于每一个人来说，生活中遇到不幸的事情是再正常不过的，如果你对不幸总是耿耿于怀，快乐就永远不会回来。因此，只有培养自己豁达乐观的性格，笑对人生的起起伏伏，淡化不幸，抓住眼前的快乐，才会让生命放出异彩。

得失不必挂心上，乐观豁达就逍遥

生活中不顺心事十有八九，要想时时开心，就要做到乐观，不愉快的事让它过去，得失不放在心上。我们应该试着调整自己的心态。

小张的太太提起一件已经过去的懊恼事，小张本来挺好的心情一下子变坏了，两人谈话的情绪也没有了，沉浸于一种对气恼的往事回忆之中。突然，小张意识到，这不是在自己折磨自己吗？在家生别人的气，别人可能正在愉悦之中呢。他能愉悦，我怎么就该生气？于是，小张对太太说："过去的事让它过去吧，多想些愉快的事，自己给自己添寿好吗？"太太也笑了。从此，他们学会了忘怀。

每个人本来都具有充沛的精神活力，但因为某些心理压力，如紧张、失败、挫折等，渐渐形成情绪问题：有时反应暴躁，有时反应冷淡，导致心灰意懒，半途而废。为了避免半途而废，培养积极的性格，一定要学习忘怀之道。忘怀之道，可以使我们真正放下心中的烦恼和不平衡的情绪，让我们在失意之余，有机会喘一口气，恢复体力。

脑子的作用，不只是帮助我们记忆，更是帮助我们忘怀。应时时刻刻排解多愁善感的情绪，把恼人的往事放在一边，不要让自己被种种纷扰所困，而要让愉快的心情时时陪伴自己。只有这样，我们才有好的精神和体力去生活、去工作。

乐于忘怀是一种心理平衡。有一句话说的是：生气是拿别人的错误来惩罚自己。老是念念不忘别人的坏处，实际上深受其害的是自己的心灵，搞得自己狼狈不堪，不值得。乐于忘怀是成功人士的一大特征，既往不咎的人，才可甩掉沉重的包袱，大踏步地前进。

我们生活在现在，面向着未来，过去的一切都被时间之水冲得一去不复返。我们没有必要念念不忘那些不愉快、那些人与人之间的仇怨。如果我们总念念不忘，只能被它腐蚀，使心中变得充满了怨恨，甚至导致精神崩溃，而陷自己于疯狂。

做人，不但要忘怀不愉快的往事，也不要总是沾沾自喜、自鸣得意，那样会将你陷于虚妄之中。从心理学角度看，无论你惦记的是快乐的往事，还是悲愁憎恨，长期生活在过去的记忆里，都会与现实生活脱节，它会严重威胁你的心理健康和心智的发展。

康德是一位懂得忘怀之道的人，当有一天他发现自己最信赖又依靠的仆人兰佩一直有计划地偷盗他的财物时，他便把兰佩辞退了。但康德又十分怀念他，于是，他在日记上写下悲伤的一行："记住，要忘掉兰佩！"真正说来，一个人并不那么容易忘掉伤心的往事。不过，当它浮现出来时，我们必须懂得不陷入悲不自胜的情绪，必须提防自己再度陷入愤恨、恐惧和无助的哀愁里。这时，最好的方法就是扭转念头去专心工作，计划未来，或者去运动、旅行。

学习忘怀之道，将许多愤恨的往事放下，日子久了，不良的情绪也就越来越少，心灵和精神的活力得以再生，恢复了原有的喜悦和自在。

有时候，我们的悲伤和内疚是因为做错事而引起的，这时可以用补偿的方法，来帮助自己忘怀。例如用诚恳的道歉，或者用其他方法补救，使自己的心态保持平和。

有首诗吟咏道：

春有百花秋有月，夏有凉风冬有雪。

若无闲事挂心头，便是人间好时节。

一个人如果学会了乐观向前，不愉快的心情自然消失，代之而起的是朝气蓬勃的新生。

告别抑郁，拥抱快乐

抑郁是一种消极的意识和自我折磨的心态。有人认为抑郁只不过是由性格内向导致的，没有什么大不了的，殊不知，这种不良情绪是严重制约人做大事的因素之一，我们应当用积极乐观的心态去面对生活，消除抑郁。

一些人的抑郁是由某些生活事件，诸如失业、住房问题、贫穷或重大的财产损失造成的；另一些人的抑郁似乎与遗传有关；还有一些人，早期苦难的生活经历使得他们具有抑郁的易感性。更有一些人其抑郁根源于家庭、人际关系或与社会隔绝等问题。当然，人们或许有其中一种或多种问题，因此毫不奇怪，我们对付抑郁，需要各种治疗方法和手段，对一个人有效的方法或许对另一个人无效。

下面几种对抗抑郁方法，你不妨尝试一下。

1. 要合理安排日常生活

抑郁的人对日常必需的活动会感到力不从心，因此我们应对这些活动要进行合理安排，以使它们能一件一件有条不紊地完成。以卧床为例，如果躺在床上能使我们感觉好些，躺着无疑是一件好事。但对抑郁的人来说，事情往往并非这么简单。他们躺在床上，并不是为了休息或恢复体力，而是一种逃避的方式，渐渐地他们会为这种逃避而感到内疚、自责。因此,最重要的是,努力从床上爬起来,按计划每天做一件积极的事情。

有时,一些抑郁者常常带着这样的念头强制自己起床:"起来,你应该努力了,你怎么能光躺在这儿呢?"其实,与之相反的策略也许会有帮助,那就是学会享受床上的时光。一周至少一次,你可以躺在床上看报纸,听收音机,并暗示自己:这多么令人愉快呀!你应当学会,在告诉自己起床干事情的时候,不再简单地"强迫自己起床",而是鼓励自己起床,因为躺在那儿想自己所面临的困难,会使自己感觉更糟糕。

2. 有步骤地对抗抑郁

对抗抑郁的方式之一,就是有步骤地制订计划。尽管有些麻烦,但请记住,你正训练自己换一种方式思维。如果你的腿断了,你将会思考如何逐渐地给伤腿加力,直至完全康复。有步骤地对抗抑郁也必须是这样的。

现在,尽管令人厌倦的事情没有减少,但我们可以有计划地做一些积极的活动,即那些能给你带来快乐的活动。例如,如果你愿意,你可以坐在花园里看书、外出访友或散步。有时抑郁的人不善于在生活中安排这些活动,他们把全部的时间都用在痛苦的挣扎中,一想到房间还没打扫就跑出来,便会感到内疚。其实,我们需要积极的活动,否则,就会像不断支取银行的存款却不储蓄一样。快乐相当于你银行里的存款,哪怕你所从事的活动只能给你带来一丝丝的快乐,你都要告诉自己:我的存款又增加了。

抑郁患者的生活是机械而枯燥的。有时,这似乎是不可避免的。解决问题的关键仍然是对厌倦进行诊断,然后逐步战胜它。

抑郁的人常感到与人隔绝、孤独、闭塞，这是社会与环境造成的。情绪低落是对枯燥乏味、缺乏刺激的生活的自然反应。

3. 往好的方面去想

许多抑郁症患者是真正的战士，很少有抑郁的人能意识到自己的极限。有时，这与完美主义密切相关。专家喜欢用"燃尽"一词描述那些处于被挖空状态的个体。对一些人而言，"燃尽"是抑郁的导火索。无论是待在家里，还是忙于应付各种工作任务，你一定要记住：你与其他人一样，所能做的工作是有限的。

克里斯·托蒂便是一个战胜抑郁症的真正的战士。克里斯住在西雅图。他说道："我从退役后不久，便开始做生意。我日夜辛勤工作，买卖做得很顺利。不久麻烦来了，我找不到某些材料和零件，眼看生意要做不下去了，因为忧虑过度，我由一个正常人变成愤世嫉俗者。我变得暴躁易怒，而且——虽然那时并没有觉察到——几乎毁了原本快乐幸福的家庭。一天，一位年轻残废的退役军人告诉我：'克里斯，你实在应该感到惭愧，你这种状态好像是世界上唯一遇到麻烦的人。纵使你得关门一阵子，又怎么样呢？等事情恢复正常后再重新开始不就行了吗？你拥有许多值得感恩的东西，可你却只是咆哮生活而已。老天，我还希望能有你的好状况呢！看看我，只有一只手，半边脸几乎被炮弹打掉，我却没抱怨什么。如果你再不停止吼叫和发牢骚，不只会丢掉生意，还有健康、家庭和所有的朋友！'"

他接着说："这些话对我真是当头一棒。我终于体会到自己是何等富有。于是我改变了自己的性格，回到了从前的自我。"

安妮·雪德丝在还没有懂得"为所有而喜，不为所无而忧"的道

理前,正面临一场不幸。她那时住在亚利桑那州,下面是她讲述的遭遇:

"我的生活一向忙乱——在亚利桑那大学学钢琴,在镇上主持一家语言障碍诊所,同时还指导一个音乐欣赏班。我就住在绿柳农场里,我们在那里可以聚会、跳舞,在星光下骑马。可是,有天早上我因心脏病而倒下了。'你得躺在床上一年,要绝对地静养。'医师并没有保证说我还会不会像以前一样健壮。

"在床上躺一年,意味着我将要成为一个无用的人——或许我会死掉!我感到毛骨悚然。为什么这种事会发生在我身上?我做了什么坏事,竟会遭到这种惩罚?我又悲痛又感到愤恨不平,却还是照着医师的嘱咐躺在床上。邻居克拉拉先生是个行为艺术家,他告诉我:'你以为在床上躺一年是不幸?其实不然。现在,你有了时间去思考,去认识自己,心灵上的增长将大大多于以往。'我平静下来,读些励志书籍,试着找出新的价值观。一天,收音机传出评论员的声音:'唯有心中想什么,才能做什么。'这种论调我以前不知听过多少次,这次却是深深打动了我的心。我改变了主意,开始只注意自己需要的东西:欢乐、幸福、健康。我强迫自己每天一醒来就为拥有的一切赞美感谢:没有痛苦、可爱的女儿、健康的视力及听力、收音机里优美的音乐、有阅读的时间、丰富的食物、好朋友等。当医师准许我在特定时间内可以让亲友来访时,我是多么高兴啊!

"好几年过去了,现在,我的日子过得充实而有活力,这实在应该感谢躺在床上的一年。那是我在亚利桑那最有价值、最快乐的一年,因为我养成了每天清晨赞美感谢的习惯。惭愧的是,由于害怕死亡,才使我真正学习到如何过真正的生活。"

4. 不要太过自责

抑郁的时候，我们感到自己对消极事件负有极大的责任，因此，我们开始自责。这种现象的原因是复杂的，有时，自我责备是从家庭中习得的，在我们小时候，当家里出现问题时，受到责备的常常是我们。因此，即使是受虐待的儿童都学会了责备自己——这当然是荒唐可笑的。遗憾的是，善于责备他人的成年人常挑选那些最无辩驳能力的人做他们的责备对象。

阿格尼丝是一个很爱自责的人，因为妈妈常常责备她给自己的生活造成了痛苦，久而久之，阿格尼丝就接受了这种责备。每当亲密的人遇到困难时，她就开始责备自己。然而，当阿格尼丝寻找证据时，她发现，造成妈妈生活不幸的原因很多，包括婚姻问题、经济拮据等。但阿格尼丝小时候无法认识得这么深刻，只能相信妈妈告诉她的话。

抑郁者的自责是彻头彻尾的。当不幸事件发生或冲突产生时，他们会认为这全是他们自己的错。这种现象被称作"过分自我责备"，这是指当我们没有过错，或仅有一点过错时，我们出现承担全部责任的倾向。然而，生活事件是各种情境的组合体。当我们抑郁的时候，跳出圈外，找出造成某一事件的所有可能的原因，会对我们有较大的帮助。我们应当学会考虑其他可能的解释，而不是仅仅责怪自己。

有时候，改变生活方式也可以帮你摆脱抑郁，当你感觉情绪不佳时，就要努力调整自己，最大程度地吸收新东西，你会发现自己的情绪也会随之飞扬起来。

第五章
坚持进取：进取心是成功的助推器

　　进取心是成功者的助推器，之所以这样说，是因为当一个人具有不断进取的决心时，这种决心就会化作一股无穷的力量，这种力量是任何困难和挫折都阻挡不了的。凭着这股力量，会使人不达目的绝不罢休。

进取性格对于成功人生具有重要意义

有人说，人的命运是由人的性格决定的。这个观点也许是片面的，决定人的命运的因素有很多，性格只能是起决定作用的因素之一，所以，不能说人的命运是由人的性格决定的。然而，人的性格对于其一生的影响却非同小可，因此，能培养一种积极进取的性格，对于成功有着非常重要的意义。

约苏阿·荷尔曼出生在法国的穆尔豪斯，这里是阿尔萨斯棉纺业的中心。他的父亲就在从事棉纺业的行当，荷尔曼15岁时就到父亲的办公室打杂。他在那儿干了两年，业余时间从事机械制图。后来，他到巴黎叔父的银行里当差两年，晚上他一人默默地学习数学知识。他家的亲属在穆尔豪斯开办了一家小型棉纺厂以后，他被指派在巴黎师从迪索和莱伊两位先生，学习工厂的运作知识。与此同时，他成了巴黎机械工艺学院的一名学生，他在那里听各种讲座，研究学院博物馆中陈列的各种机器。在这样勤奋学习了一段时间之后，他回到了阿尔萨斯，指挥在维尔坦新建厂房中的机器安装，并很快完工投入了运作。然而，他所在的工厂由于遭受了当时发生的一场商业危机的严重冲击后被迫停产，工厂不得不转手他人，这样，荷尔曼回到了他在穆尔豪斯的家中。

第五章　坚持进取：进取心是成功的助推器

在这段时光里，他赋闲在家，但心却没有闲着，他把自己的全部精力都投入到发明的探索过程中。他最早的设计是绣花机，里面有20根针头同时工作。经过6个月的辛勤劳动后，他成功地完成了他的设计。由于这项发明，在1834年的巴黎博览会上，他获得了一枚金质奖章，并被授予骑士勋章。荷尔曼在成功面前并不满足，他要向新的成功挑战。此后，他的各种发明接连而来。而最具创造性的设计之一是一种能同时织出两块天鹅绒式的布料或织出好几层布料的纺织机，这两块布由共同的绒线相连结，但有一把小刀和切割器在纺织的时候把它们分开。当然，他最具创新意识的发明成果是精梳机。

因为原有的、粗糙的梳棉机不能令人满意，除了导致令人痛心的浪费外，还生产不出优质产品。为了克服这些弊端，阿尔萨斯的棉纺织业主们曾悬赏5000法郎。荷尔曼开始着手去完成这项任务。其实，他并非是因为这5000法郎才去从事这一发明的。他从事这项发明纯粹是他个人的进取心所促使。他的一句格言是："一个总是问自己做这个工作能给我带来多大收益的人是干不成大事的。"然而，在精梳机的发明过程中，他所遭遇到的重重困难是他始料未及的。光是对这个问题的深入研究就花去他好几年的时光，与发明活动有关的开销是那么的庞大，他的财富很快就耗费一空。他陷入了贫困的深渊，再也无力从事改善他的机器的努力了。从那时起，他主要仰仗朋友的帮助来渡过难关，从事发明活动。

当他还陷在穷困的泥潭之中苦苦挣扎之时，他的妻子离开了人世，他一度沉浸在痛苦之中。不久，荷尔曼流落到英国，在曼彻斯特待了一段时间。在那里，他仍不气馁，继续辛勤地从事他的发明活动。后来,他返回法国看望自己的家小。其间,他仍然不停地从事把设想转化为现实成果的活动,他的全部精力都花在这上面了。一天晚上,当他坐在炉边沉思着许多发明家所遭受的艰辛多难的命运以及因为他们的追求而给家人所带来的不幸时,他无意之中发现他的女儿们在用梳子梳理她们那长长的头发。一个念头突然在他的脑海里产生了:如果一台机器也能模仿这种梳发过程,把最长的线梳理出来,而那些短线则通过梳子的回旋把它们挡回去,这样就可以使他从困境中解脱出来了。这一发生在荷尔曼生活中的偶然事件由画家埃尔默先生制作成了一幅美丽的油画,并在1862年举行的皇家艺术展览会上展出。

  在这一观念的指导下,他开始努力进行设计。最终,他成功地完成了精梳机的发明。这种机器工作性能的妙处只有那些目睹过它工作的人才能领略和欣赏到。它的梳理过程同梳理头发的过程的相似性是一目了然的,正是这一相似性导致了精梳机的发明。该机器被描述为"几乎能以人的手指的敏感性来进行活动"。我们从荷尔曼的发明过程中,可以领略真正的成功所包含的艰难和曲折,但是我们更敬佩荷尔曼那坚韧不屈、一往无前的进取精神。正是这种精神才使我们的世界在创造中不断地展现出动人的魅力。

  困难犹如坚冰,有进取心的人可以用热情将它融化,没有进取心的人则会被它冻僵。因此,保持积极进取的精神是我们战胜困难的重要法宝。

爱拼才会赢

一个人最大的敌人不是别人，而是自己。一个人只有能够面对生命中的每一次挑战，才能不断地突破超越。因此，挑战自我、不断进取的良好性格是每个人都应当在生活和工作中大力培养的。

1984年的洛杉矶奥运会前夕，游泳运动员摩拉里已经有幸跻身于最优秀的参赛运动员之列。令人遗憾的是，在赛场上，他发挥欠佳，只获得一枚银牌，与冠军擦肩而过。他没有灰心丧气，从光荣的梦想中淡出之后，他把目标瞄准了1988年的韩国汉城奥运会。

这一次，他的梦想在奥运会预选赛上就宣告破灭，他被淘汰了。跟大多数受挫的人们的反应一样，他变得沮丧，把体育的梦想深埋心中。有三年的时间，他很少游泳，那成了他心中永远的痛。

但在摩拉里的心中，自始至终有股燃烧的烈焰，没法把它完全扑灭。离1992年夏季奥运会还有不到一年的时间了，他决定振作起来，更加拼搏进取。在属于年轻人的游泳赛事中，30多岁的人就算是高龄了，摩拉里脱离体育运动很久，再去在百米蛙泳的比赛中与那些优秀的选手们拼搏，似乎就像是拿着枪矛戳风车的堂·吉诃德一样的不自量力。然而，摩拉里没有沉沦退缩，而是加大运动量刻苦训练。经过10个多月的艰苦努力，终于迎来了新一轮比赛。

在预赛中，他的成绩比世界纪录慢一秒多，因此，在决赛中他必须付出更多的努力，他努力地为自己增压打气。在游泳池中，他的速度果然是不可思议地快，超过其他的竞赛者而一路遥遥领先，他不仅夺得了冠军，还破了世界纪录。

在我们身边的许多人，原本可以有所成就，或可以更为成功，但在生活中却往往不能如愿以偿。这就是因为他们缺乏对自身的认识，缺少了向上的动力和进取心，因而总是划地自限，总是认为生活中的一切似乎都是命中注定的，现实的一切都不可超越，最终使无限的潜能只化为有限的成就。

实际上，一个人能力的提升，往往是在自己和自己的较量中得以实现的。每个人完全可以通过自身的不断进取努力来提高自己的能力，突破自我的极限，凭借自己的力量来改变生活。

一家公司准备用一年的时间来考察两名推销员，然后提拔一人担任销售部的经理。其中一人一年到头挨家挨户推销产品，最后挣了两万元；另一个人花了一年时间设计并发动了一次技术改革，这一举动，使公司获利2000万元。两个人所花时间相等，可是第一个人总是担心银行的贷款，另一个人很快得到提升，同时拿到一笔数目相同的奖金。究其原因，是两个人的努力方式不同。

第一个人是盲目地使用时间。他很勤奋，完成了自己的工作任务，让他的上司很满意，他满足于工作让自己的生活衣食无忧，但他并没有长远的规划，不具备担任管理人员的素质。

而第二个人则是利用时间。一年中他在工作中不仅动手，而且动脑。他把工作当成任务，也当成获得成功的机遇，他意识到自己有成功的希望，并潜心去发展它。他观察到在仅仅能干与干得十分成功之间有很大区别，并决定通过自己的创新进取来弥补这种差异。他正确评估自己的能力，集中精力做好自己的一切工作。当他遇到困难时，他从不诅咒，而是尽力解决；他寻找市场和顾客的真正需求，力求给予满足；他注意到办公室里所做的事情多以语言交流为基础——书面语言和口头语言，于是他就开始学习掌握语言技巧；他发现事业上最有价值的能力莫过于在多数场合做出正确决定的能力，所以他就潜心研究决策法；他明白不管做任何事情，办法都不只有一个，他会永远铭记这一点。他尽力让别人需要自己，结果他成了公司必不可少的人，最终获得了提拔。

在我们的生活中，同第一名推销员一样，有着安于现状、不思进取"惰性"的人绝不在少数，尽管他们勤勤恳恳，但对如何发挥自身的能力却只有一个模糊概念。这与其是说没有进取的决心，倒不如说是缺乏实现梦想的想象力。对于采取哪些措施会成就自己的梦想使他们感到迷惑，其结果是：他们常常对自己或对他人或对"制度"满腹牢骚，对自己的潜能划地自限，又因为不知如何消除这一影响而心灰意冷。其实，只要你敢于突破自我，常常会有意想不到的喜悦收获。

有一个音乐系的学生师从一位极其有名的钢琴大师学习钢琴。授课的第一天，钢琴大师给了他一份乐谱："试试看吧！"

乐谱的难度非常高，学生弹得生涩僵滞，错误百出。

"还不成熟，回去好好练习！"钢琴大师在下课时，如此叮嘱学生。

学生刻苦练习了一个星期，第二周上课时正准备让钢琴大师验收，没想到钢琴大师又给他一份难度更高的乐谱："试试看吧！"却只字未提上周练习的事儿。

　　于是，学生再次挣扎于更高难度的技巧挑战。然而，第三周，更难的乐谱又出现了。这样的情形一直持续着：学生每一周都在课堂上被一份新的乐谱所困扰，然后把它带回去练习；接着再回到课堂上，重新面临两倍难度的乐谱。即使这样，学生却仍然追不上进度，一点也没有因为上周练习而有驾轻就熟的感觉，学生感到越来越不安、沮丧和气馁。终于，学生再也忍不住了，当大师走进教室的时候，他提出了这三个月来不断折磨自己的质疑。

　　钢琴大师并没有开口，只是抽出第一次交给学生的那份乐谱递了过去："弹奏吧！"他以坚定的目光望着学生。

　　不可思议的事情发生了，连学生自己都惊讶万分，他居然可以将这首曲子弹奏得如此美妙，如此精湛！钢琴大师又让学生试了第二堂课布置的练习，学生依然呈现出超高水准的表现……演奏结束后，学生怔怔地望着钢琴大师，说不出话来。

　　"如果我任由你表现最擅长的部分，可能你还在练习最早的那份乐谱，就不会有现在进步的程度和超水平的发挥……"钢琴大师缓缓地说。

　　由此可见，超越自己比超越别人更困难。人都有盲点，尤其是看不清自己的缺点。因此，与自己赛跑是一个艰难的过程，而进取的性格正是进行自我挑战的力量支持。一个人积极地进行自我挑战，本身就是一种莫大的成功。只有懂得不断超越自己的人，才能引领自己的人生走向新的高度。

　　对于每一个人来说，如果总是不求上进地做一些简易的、不必费心思花力气的事情，或仅满足于一点既得的成绩，那么，能力与水平便会只停留在一个层面上，永远得不到长远的发展。其实，开创生活虽然不是很容易，但却会让我们的人生充实且富有意义。我们一定要停止消极悲观的思想，用进取的性格积极地开发和运用自己的潜能，就一定会达到理想的彼岸。

任何艰难都会为进取者让路

人生因为有进取之心而变得充实，人生因为有进取之心而变得精彩。进取性格的宝贵意义就在于，它能使你不愧于自己的一生，为自己带来成功和欢乐。

很多成就了梦想的人，尽管出身卑微，或身患残疾，或饱受折磨，但是他们仅仅凭借进取心，勇敢地挑起了生活重担，他们充分地开发和利用了生命中被赋予的巨大潜能，从而成就了一生的梦想。

吴士宏就有着鲜明的进取型性格，她的成功史是一部坚强女人不畏困难的奋斗史：她没有被疾病吓倒，没有被学习中的困难所累倒，她用超过常人的进取精神催促自己前进，用自信和坚毅与自己赛跑，从中领悟超越自我的含义。她就像高尔基笔下的那只在暴风雨中逆风飞翔的海燕一样，无畏风雨，于苦难中始终奋发向上。

年幼的吴士宏头脑聪明，胆子大，爱运动。不幸的是，一场大病从天而降，打乱了她原本计划好的一切。整整4年，三次报病危,她始终躺在病床上承受着病痛与孤寂的折磨。这场使她身心备受折磨的"病",让她恍如隔世。4年后,她终于从病中得到了解放。大病初愈的她并未因自己的不幸对生活产生怨言,而是觉得自己的生命只能重新开始。于是,从那时开始,吴士宏便萌发了一个想法:要做一个成大事的人。

考大学还有机会,但不属于她。因为她没有钱、没时间。生病的4年没有任何收入却花费很多,就算考上大学,没有工资还得自负生活费,太不现实了。于是,她决定选择一条"捷径"——参加高等教育自学考试来彻底改变自己的生活。对吴士宏来说,自学并不是最高效的方式,是因为别无选择。她有一个目标:把病中耗费的4年时间补回来。她选了科目最少的英文专业。书可以借一部分,要买的只有几本;要省钱,还可以听收音机。从此,她开始用自己的进取心和不顾一切的努力去拼搏。吴士宏的英文都是从头学的,花一年半拿下了大专,吴士宏感触最深的两个字是"真苦"!她每天挤出10个小时的时间用在学习上,自考文凭考下来了,她最得意的是"赚"回了点时间。

此后,学业完成后的吴士宏因一个意外的机缘到了IBM。一开始她做的是"行政专员",这与打杂无异,什么都要干。身处一群无比优越的真正白领阶层中,吴士宏感到了巨大的压力,常常觉得自己没有能力、没有价值。

但吴士宏是一个善于"成长"的人。她始终不断地学习、实践、超越,再学习、再实践、再超越。刚进IBM时,吴士宏几乎什么都不会,连打字都是从头学起,她拼命努力学习一切相关的东西。她开始做销售的时候,感觉到专业知识是第一大障碍,"培训毕业只是

第五章 坚持进取：进取心是成功的助推器

个模子，要把客户的具体要求套进去再做出方案来，没那么容易"。在这过程中，她给自己定下了要"领先半步"的目标，时常还有这样的想法——"不把自己累到极点，就觉得不够努力，对不住自己"，吴士宏对自己始终要求严格。因此，吴士宏在办公室里晕倒过，吐过血，犯过心绞痛；还专门在抽屉里备着闹钟，一个星期总有几次熬到凌晨两三点。就这样，在付出了辛苦和心血之后，她终于发展了第一个大客户——中远。1994年，吴士宏去了 IBM 华南公司，她在那里成功地带起了一支队伍，与大家一起成长，一起做出了辉煌的业绩。

历史上，所有的成功者之所以能够激发潜能、成就梦想，都是因为他们怀有勇敢面对、大胆挑战生命中那些阻碍他们发挥潜能的缺陷和困难的进取心。当一个人怀有强烈的进取心，那么在他的人生中，无论遭遇恶劣的情况，还是碰到难以克服的障碍，他都会克服一切阻挠，找到出路，并实现人生的价值。英国著名作家弥尔顿的故事就是一个明证。

弥尔顿是17世纪英国出现的一位伟大的精神斗士。当查理二世妄图复辟的时候，弥尔顿眼疾正重，一只眼的视力已在消失。医生警告他不可参战，否则将双目失明。但弥尔顿为争取自由深感责无旁贷。他认为此时的英国人需要精神上的支柱，因此他宁可牺牲双眼也要做一个自由思想的卫士。于是，弥尔顿精神亢备，奋笔疾书写下《为英国人民声辩》一文，痛斥为查理二世鼓噪鸣锣的英顿大学拉丁文教授沙尔马修。不久，这位在瑞典女王里斯第娜宫廷中受宠的大教授因遭弥尔顿的驳斥，大丢脸面，便悄然离去，于1653年去世。而弥尔顿的代价则是从此失去了光明，但弥尔顿并没有停止写作和斗争。1660年5月，王朝复辟，查理二世重登王位，"弑君者"克伦威尔的坟墓被掘，尸体被吊上了绞架。而精神上的弑君者弥尔顿也同时遭到逮捕。经多方营救，当局才在绞架下当众烧毁了他的两本书，以示惩罚。弥尔顿尽管获释，但此时已患痛风，重病缠身，性情乖戾，但他却不甘失败，以令人赞叹的精力创作了三部不朽的诗作:《失乐园》《复乐园》《力士参孙》。

失去光明的卫士，凭借着进取的性格，坚强地立足于苍茫大地的诗人弥尔顿，在描述自我的境遇时，是这样自勉的："在茫茫的岁月里，我这无用的双眼，再也瞧不见太阳、月亮和星星，也瞧不见男人和女人，但我并不埋怨，我还能勇往直前。"在这样的进取和奋发下，弥尔顿留给了后人不可磨灭的光辉形象。

总之，抗拒苦难，不断进取，奋发向上，是成功者必备的性格特征。在我们的生活中，无论身处恶劣的环境，还是遭遇人生的坎坷，都要如所有成功者一样，直面苦难和不幸，无怨无悔地选择坚强和进取，从而跨越泥潭、走出低谷，实现自己的人生价值。

不要让消极吞噬进取心

拥有积极进取性格的人，能以积极的态度和行为去做事，从而发挥出积极的作用来，久而久之，积极的作用就会积小为大，量变的积累致使质变的发生，个人也就更容易走上成功之路了。

有位孤独者背靠着一棵树晒太阳，他衣衫褴褛，神情萎靡，不时有气无力地打着哈欠。一位智者从此经过，好奇地问道："年轻人，如此好的阳光，如此难得的季节，你不去做你该做的事，懒懒散散地晒太阳，岂不辜负了大好时光？"

"唉，"孤独者叹了口气说，"在这个世界上我除了自己的躯壳外，我一无所有。我又何必去费心费力地做什么事呢？每天晒晒我的躯壳，就是我该做的所有事了。"

"你没有家？"

"与其承担家庭的负累，不如干脆没有。"

"你没有你的所爱？"

"没有，与其爱过之后便是恨，不如干脆不去爱。"

"没有朋友？"

"没有。与其得到还会失去，不如干脆没有朋友。"

"不想去赚钱？"

"不想。千金得来还复去，何必劳心费神动躯体？"

"喔，"智者若有所思，"看来我得赶快帮你找根绳子。"

"找绳子？干嘛？"孤独者好奇地问。

"帮你自缢。""自缢？你叫我死？"孤独者惊诧了。

"对。人有生就有死，与其生了还会死去，不如干脆就不出生。你的存在，本身就是多余的，自缢而死，不是正合你的逻辑么？"孤独者无言以对。

"兰生幽谷，不因无人佩戴而不芬芳；月挂中天，不因暂满还缺而不自圆；桃李灼灼，不因秋节将至而不开花；江水奔腾，不因一去不返而拒东流。而况人乎？"智者说完，拂袖而去。

倘若消极地看待生活，泯灭生活的激情与进取的性格，他就是世界上最可悲之人。这种人不仅不可能有所作为，自己贱视自己，而且也会被所有人所贱视。须知，成功之人之所以能成功，就在于有着始终不渝而又十分宝贵的进取性格。

第六章
锻造坚韧：命运面前做个不屈服者

坚韧性格对于一个人的成长至关重要。因为每个人的成长过程都不可能一帆风顺，因为人不是生活在真空中，每个人都不可避免地要承受各种不可预测的挑战或苦难。而坚韧性格可以帮助我们去战胜人生中的那些纷纷扰扰。

痛苦的时候，才是成长的时候

我们深有体会，这个世界上，不是所有的事情都能令人满意，一些必要的挫折会帮助我们长大，痛苦是成长的必然经历，经历过痛苦的蜕变，我们的人生才会更加绚丽。

无论你多么不愿意，人生之路就摆在那里，布满了坎坷和荆棘，生活的味道必然酸甜苦辣一应俱全，这一切都需要你去跨越。我们每越过一条沟坎就是一种人生，所经历的挫折、磨难、困惑就是人生的过程。人生百味，缺少哪一种味道都不完整，每一种味道我们都要亲自去品尝，没人可以替代。

其实，人生的苦味要多过甜味，一个人的降生便是从痛苦开始，而一个人生命的结束，多少也带着些许痛苦。人这一生，就是不断与痛苦抗争的过程，人生的意义，就在于从与痛苦的抗争中去寻找快乐。

是痛苦还是快乐，全在你心的裁决。再重的担子，笑着也是挑，哭着也是挑；再不顺的生活，微笑着撑过去了，就是胜利。承受，不靠身体，而靠心力。人生何时承受不起，便开始输了。

有个人凑巧看到树上有一只茧开始活动，好像有蛾子要从里面破茧而出，于是他饶有兴趣地准备见识一下由蛹变蛾的过程。

但随着时间一点点地过去，他变得不耐烦了，只见蛾在茧里奋力挣扎，将茧扭来扭去的，但却一直不能挣脱茧的束缚，似乎是再也不可能破茧而出了。

最后，他的耐心用尽，就用一把小剪刀，把茧上的丝剪了一个小洞，让蛾出来可以容易一些。果然，不一会儿，蛾就从茧里很容易地爬了出来，但是那身体非常臃肿，翅膀也异常萎缩，耷拉在两边伸展不起来。

他等着蛾子飞起来，但那只蛾子却只是跌跌撞撞地爬着，怎么也飞不起来。又过了一会儿，它就死了。

飞蛾在由蛹变茧时，翅膀萎缩，十分柔软；在破茧而出时，必须要经过一番痛苦的挣扎，身体中的体液才能输送到翅膀上去，翅膀才能充实有力，才能支持它在空中飞翔。其实它痛苦的时候，也正是成长的时候，只是被那个无知的人无情地剥夺了，造成了生命的脆弱。其实我们的人生也是如此，任何一种生存技能的锤炼，都需要经历一个艰苦的过程，任何妄图投机取巧减少努力的行为都是不明智的。人世之事，瓜熟才能蒂落，水到才能渠成。与飞蛾一样，人的成长必须经历痛苦挣扎，直到双翅强壮后，才可以振翅高飞。

人生可不是那么容易成功，总要经历各种各样的磨难和逼迫或者诱惑。它们终究杀不了你，反倒会使你变得更强，所以，感谢给你一切苦难的吧，感激我们的失去与获得，学会理智，学会释怀，不要消沉于痛苦之中不能自拔，更不能让你爱的人和爱你的人为你担心，因你痛苦。痛苦不过是成长中必然经历的一个过程，如果你没有走出痛苦，那是因为你还没有成熟。

急火难做美食，成功需要磨砺

在现实生活中，不管是做人还是做事，每个人都难以避免遭遇失败和挫折。世上有许多人很注重事情表面的结果，只以成败论英雄，一旦遭到失败和挫折马上就放弃了。然而，人世间的许多事情很难做到一举成功，必须具有坚忍不拔的性格才能坚持到底才能成功。因此，做事的过程才是最重要的：一个人如果在失败时不忘初衷，具备了跌倒之后随时可以爬起来的勇气和毅力，他就有希望走向最后的成功。

在日本，曾经有一位父亲很为他的孩子而苦恼，因为他的儿子虽然已经长到十五六岁了，可是却一点也没有男子汉的气概。于是，这位父亲只好去拜访一位在寺院修行的禅师，请他帮助训练自己的孩子。禅师对他说："你把孩子留在我的寺院里吧。三个月以后，我一定可以把他训练成真正的男人。不过，这三个月之内，你不可以来看他。"父亲考虑了一下之后同意了禅师的要求。

三个月之后，那位父亲如约来接他的孩子。禅师安排孩子和一个空手道教练进行一场比赛，以此展示这三个月的训练成果。教练一出手，孩子便应声倒地。那孩子站起来继续迎接挑战，但马上又被打倒，他就又站起来……就这样来来回回一共16次。禅师问父亲："你觉得孩子的表现够不够男子气概？"父亲回答说："我简直羞愧死了！心痛死了！想不到我送他来这里受训三个月，看到的结果是他竟然这么不禁打,被人一打就倒。"禅师说:"我很遗憾!你只看重表面的胜负。你有没有看到你儿子那种倒下去之后立刻又站起来的勇气和毅力呢?那才是真正的男子汉气概啊!"

练就坚忍的性格需要磨砺,急火难做美食。只要站起来比倒下去多一次就能走向成功。那些渴望成功的人都懂得不能因为暂时的失败和挫折而自暴自弃,反而应该更加努力上进。

很早以前,在荷兰的一个小镇,来了一个初中文化程度的人,他,名叫列文虎克,他是一个年轻农民。他的工作是为镇政府守大门,一干就是几十年。他在工作之余,只爱磨镜片。为了钻研磨镜技术,他到处求师访友,向眼镜匠学习,向炼金家请教,常在寂寞的深夜磨个不停。由于忙,他便减少了与亲友的往来,有人骂他是"不近人情的家伙"。对此,列文虎克无动于衷,锲而不舍地勤奋工作,磨出的复合镜片的放大倍数超过了专业技师,最终制成了当时无与伦比的精细显微镜,揭开了科技尚未知晓的微生物世界的"面纱",为此他被授予巴黎科学院院士的头衔。英国女王访问荷兰时,还专程到这个小镇拜会他,英国皇家学会也选他为会员。

列文虎克的成功告诉我们,干任何事情都要有坚忍不拔的精神。许多人在事业上的失败,常常不是因为没有选准目标,也不是因为难度大得不得了,而是因为他们缺乏坚强的意志和坚韧的品格。宋朝苏轼说过:古之成大事者,不唯有超世之才,亦必有坚忍不拔之志。这是一个客观规律,古今中外,概莫能外。列文虎克打磨镜片,一干就是几十年,其中的艰辛、枯燥和乏味不言自明,没有坚忍不拔的意志和锲而不舍的精神是万万不行的。他走的是一条"光荣的荆棘路"。打磨镜片是那样细小平凡,为了把手头上的每一块镜片磨好，他扎扎实实、一丝不苟地用尽毕生的心血完成每一个平淡无奇的动作。在他85岁那年，朋友们劝他安度晚年，不要再磨显微镜了，他却说："要成功一件事，必须花掉毕生的时间……"他活到90岁的高龄，也没有离开显微镜行业。正是把坚忍不拔的品格作为成功法宝，列文虎克才走过了漫长而坎坷的崎岖小路，用辛劳的汗水浇出了绚丽的成功之花。

科学上的许许多多所谓"一举成功"、"一鸣惊人"的壮举，都是长久地进行顽强劳动的结果，都是以坚忍的性格和锲而不舍的精神去战胜无数困难的结果，诺贝尔奖获得者、化学家戴维斯说："真正的雄心壮志几乎全是智慧、辛勤、学习、经验的积累，差一分一毫也达不到目的。"至于那些"一鸣惊人"的学者，其实他下的功夫和潜在的智能，别人事前未能领会到。要想取得成功，没有什么"捷径"可走，也没有什么"锦囊妙计"，最需要的就是坚韧不拔的毅力。正如法国微生物学家巴斯德所说："告诉你使我达到目标的奥秘吧，我唯一的力量就是我的坚持精神。"

人生中的失败者，往往是不能坚持到底的人

大多数的人只是看到了成功人士的无限风光，而那些不为人知的经历才是他们莫大的财富。面对困境，人们可能担心、惶恐、慌

乱，也可能努力去解决问题。动摇和恐惧，会使问题更难解决，而集中精神努力去解决问题，才能挺过艰难的时刻，只有咬紧牙关，一步步努力撑下去，才能获得成功。

性格坚韧，是成大事、立大业者所必须具备的特征。这些人获得事业的巨大成就，肯定少不掉坚韧的特性。已过世的克雷吉夫人说过："美国人成功的秘诀，就是不怕失败。他们在事业上竭尽全力，毫不顾忌失败，即使失败也会东山再起，并立下比以前更坚韧的决心，努力奋斗直到成功。"

坚韧、勇敢，是伟大人物的性格特征。没有坚韧、勇敢品质的人，不敢抓住机会，不敢冒险，一遇困难，便会自动退缩，一获小小成就，便感到满足，他们永远不会成功。

那些一心要得胜、立意要成功的人即使失败，也不以一时失败为最后之结局，还会继续奋斗，在每次遭到失败后再重新站起，比以前更有决心地向前努力，不达目的绝不罢休。他们不知道什么是"最后的失败"，在他们的词汇里面，也找不到"不能"和"不可能"的字眼。任何困难、阻碍都不足以使他们跌倒，任何灾祸、不幸都不足以使他们灰心。

有这样一个故事：在一场国际现代舞蹈大赛中，世界各国都派出"舞林高手"展现舞技。其中有一项是华尔兹的比赛，有十多对来自不同国家的舞者，穿着亮丽的舞衣在场中翩翩起舞。

世界级的舞蹈比赛，男女舞者的舞技都是一流的，每个旋转、手势、眼神、微笑都是那么优雅，令人叹为观止。

正当所有观众都被现场气氛吸引时，有一位裁判慢慢地走到舞池边，他弯腰捡起一只红色的高跟鞋。然而，华尔兹的优美乐曲并没有停止，十多对舞者仍然一副专注、忘我的模样，微笑地继续舞蹈。

是谁掉了一只鞋？不可能是从天外飞来的，也不会是从房顶上掉下来的，一定是哪位女舞者在旋转时甩掉的。

音乐继续着，但是所有观众的目光，似乎都开始寻找"是谁掉了鞋"。

两脚高低不同，对一场舞蹈来说，是多么糟糕的状况啊！观众的目光搜寻全场，然而十多对舞者随着乐曲不停地旋转，根本看不出是谁出了问题。

直到华尔兹乐曲结束，观众才发现，其中一位女舞者正踮着脚，满面笑容地半弯着腰，向观众答礼；而观众向她报以最热烈的掌声！或许，正是因为有困境的考验，人们才能不断超越自己。

那些人生的失败者，往往是不能坚持到成功的人。

著名心理学家、哲学家威廉·詹姆斯发现了这样的过程："如果我们被一种不寻常的需要推动时，那么，奇迹将会发生。疲惫达到极限点时，或许是逐渐地，或许是突然间，我们超越了这个极限点，找到了全新的自我！"詹姆斯继续解释道："此时，我们的力量显然到达了一个新的层次，这是经验不断积累、不断丰富的过程。直到有一天，我们突然发现自己竟然拥有了不可思议的力量，并感觉到难以言表的轻松。"

同样，我们拥有了高度自律的能力，我们也将拥有詹姆斯所描述的那种跨越"疲惫极限"并最终实现目标的能力，因为坚韧实际上也是一种习惯。坚韧这一习惯的过人之处便在于，你表现得越坚韧，你可能变得越坚韧。

事实是，坚韧对于改变我们的生活、实现我们的目标至关重要。许多事实证明：世界上一切事业，只要人们勇敢地坚持去做，都会获得成功，所有的贫困、不悦可以被尽数打破。

如果你觉得目前自己前途无望，觉得周围一切都很黑暗惨淡，那么你应当立即转过身、回过头，朝着希望和期待的阳光前进，而将黑暗的阴影远远抛在身后。

坚韧是解决一切困难的钥匙，试看诸事百业，有哪一种可以不经坚韧的努力而获成功呢？

在世界上，没有什么东西可以替代坚韧，教育不能，父辈的遗产不能，伯乐的垂青也不能，而命运则更不能，因为宿命论者总是在忧忧戚戚中耗费自己的青春。

真正的勇敢不是对什么事都毫不畏惧，而恰恰是在自己非常胆怯的情况下敢于去做！真正的强者并不是一直处于成功巅峰的人，而是敢于直面失败、挫折的人！

练恒心，这是接近成功的最佳途径

其实，生活的现实对于我们每个人本来都是一样的，但一经各人不同"心态"的诠释后，便代表了不同的意义，因而形成了不同的事实、环境和世界。心态改变，事实就会改变；心中是什么，世界就是什么。心里装着哀愁,眼里看到的就全是黑暗;心里装着信念、装着坚忍,你的世界就会随之刚强起来。

刚强的性格永远是成大事者的基本特质。天下的事没有轻而易举就能获得的,必须要靠刚强的性格去征服,这是最基本的成功法则。一个人在成功之前,一定会遭遇到很多挫折,甚至遭遇某种程度的失败。在失败重重打击一个人时,最简单和最合乎逻辑的方法就是放手不干,大多数人都是这样想的,也是这样干的。

古今中外,众多的成功者并不是依赖机会或好运气,而是得力于他们坚韧不拔的精神。一个人要想成就一番大事业,都不可能一帆风顺。缺乏坚韧力是失败的主要原因之一,也是大多数人常见的共同弱点。其实,这弱点是可以克服的。

朱威廉出生在美国南加州,父母都是上海人,经营着一家中餐厅,在经过最初的艰苦之后,生活变得越来越富足。大学之时,朱威廉攻读的是法律,出于对警匪片的喜爱,他从小就立志要当一名警察。终于,大学毕业后,他前往洛杉矶当了一年的警察。不过,父母觉得这一职业太过危险,非常担心他的安全,所以更希望他能够回家继承家业。

然而,朱威廉并不喜欢经营餐馆,他觉得这种工作太过枯燥,与自己向往的生活相去甚远。而且作为一个男人,在自己家中做事,完全没有自我价值的体现,也没有独立的感觉。所以,他为不使父母担心而放弃了警察职业,但朱威廉始终没有同意经营餐馆。

当时,许多外商都选择在中国投资。于是,1994年,朱威廉带着3万美金来到上海。他想得很天真,以为来了就可以成就一番大事业。可到了上海他才发现,自己的想法竟是如此幼稚——别人投

第六章　锻造坚韧：命运面前做个不屈服者

资动辄几十万甚至几百万美金，而自己只有区区 3 万美金。而且，他一到上海就住在了高级宾馆中，每晚至少要花费 200 美金。半年之内，朱威廉连续搬家，从五星到四星、三星、两星、一星、没星，最后到租住一间二十多平方米的旧民房，连空调都没有安装。这时候，他的口袋里只剩下了几千块美金。

到了山穷水尽的时候，他也打过退堂鼓，觉得在中国做事业太难，人多，竞争也激烈。有一次，他都到了机场，甚至连行李都已办完托运。可他坐在机场休息大厅里一想："就这么回去多没面子啊！"以前来自家餐厅吃饭的多是中国人，很多人都会大叫："我要回中国做生意去了。"但过了三四个月，待他们再回来以后，就什么都不说了，在朱威廉看来，这些人就像是夹着尾巴逃回来一样，往往成为大家的笑柄。如果就这样回去，那岂不是和他们一样了吗？这会被朋友笑死的！

于是，在飞机起飞前，朱威廉又决定重整旗鼓，从头开始，背水一战！

创业之初，他只有一个 15 平米的办公室，一台从美国运来的苹果电脑，后来招聘了两名员工，经过努力，他的公司有了一点小小的知名度。那时，朱威廉还亲自跑业务，并且一连做成了几笔小生意。有了成绩，他又在大学里招了几名员工。可是好景不长，他的业务经理挖了自家墙角，将大部分员工带走另起炉灶。朱威廉的账户里就只剩下两三百元人民币了。这件事给了他很大刺激，同时也给予了他极强的动力，他愈发努力起来。几年以后，他获得了"沪上直邮广告大王"的美誉。他的总公司设在上海，员工人数达 90 余名，此外，在北京、重庆，朱威廉都设立了分公司。1997 年，他的公司成功加盟世界上最大的广告集团。

刚到上海时，朱威廉觉得中国的人文环境与美国文化背景差异很大，总是和人沟通不到一起去，他几乎没有朋友。一个人很孤独，于是，朱威廉经常在网上写些东西，开始的时候，只是放到其他网站上，后来就想拥有一个属于自己的、比较安静的"地盘"，可以让大家都来真诚地写点东西，互相交流一下。在这种想法的驱使下，朱威廉开设了"榕树下"网站，他先把自己写的东西放上去，后来，"路过此地"的人也开始投稿。这些文章一开始都是先投到他的信箱中，由他编辑好后再放到网站上，这样就可以控制稿件的质量。开始时，每天只有一篇、两篇，后来越投越多，多到每天接近上百篇。这样一来，朱威廉一下班就得回家进行更新，根本没有时间处理其他事情。有一次他去伦敦开会，在那里更新网站，结果花了一千多英镑。

长此以往不是办法，他决定成立一个编辑部。1999年1月，"榕树下"编辑部正式成立，设有十几位编辑，原来都是"榕树下"的作者。当时他做梦也没想到，"榕树下"后来会成为影响网络文学发展的一个重要网站。朱威廉以自己广告公司的盈利来养着"榕树下"，仅在最初的半年，开支就超过了百万元，但他并没有后悔，因为"榕树下"的点击率、访问人数在成倍增长，越来越多的人喜欢上了"榕树下"。

作家王安忆曾说道，"榕树下"是"前人栽树，后人乘凉"，这让朱威廉非常感动，或许这正是对他坚持理想的一个最大赞誉。

开弓没有回头箭，箭镞一旦射出，必然是有去无回。人生同样如此，迈出脚步以后，若发现路上设有障碍，不妨绕过去或是另辟途径，但绝对不能后退到原点，这我们做人必须奉行的一种原则！

所以，别让外在力量影响你的行动，虽然你必须对压力做出反应，但你同样必须每天按既定方针向前迈进。用你对成功的想象来滋养你的强烈的欲望，让你的欲望热情燃烧，随时提醒你不可在应该起来而行动时，仍然坐待机会。

《王竹语读书笔记》中写道："忍耐痛苦比寻死更需要勇气。在绝望中多坚持一下，终必带来喜悦。上帝不会给你不能承受的痛苦，所有的苦都可以忍。"是的，一个人只要具备了坚忍的品质，便可以苦中取乐，若懂得苦中取乐，则必然会苦尽甘来。

那么，我们该如何训练自己的坚忍精神呢？

1. 确立坚定的目标。我们要知道自己想要的究竟是什么，一定要弄清弄明，这是第一步，是培养坚忍精神最重要的一步。清晰明确的目标是所有行动的动机，强烈的动机可以驱使我们去超越，从而迈过那些看似深不可测的沟壑。

2. 要让自己充满渴望。心中充满强烈的渴望，对实现目标拥有执着的期盼，这样就比较容易形成恒心和毅力，也更容易让我们将目标坚持到底。

3. 自我激励。告诉自己：我有能力完成计划，有能力达成目标，不断通过这种自我暗示鼓舞自己，这样你便不会轻易放弃。

4. 对目标形成正确的认知。要确认自己的目标、计划是现实的，是以经验或观察为依据的，这样我们才更有信心坚持下去。倘若你的梦想只是白日做梦、凭空想象，恐怕你很难实现愿望。

5. 寻求与他人的合作。万众一心，其利断金！与他人和谐互助，相互鼓舞，相互扶持，会增加我们的恒心和毅力，同时也更容易使我们的目标成为现实。

6. 集中心思。不要三心二意，一会儿觉得这个目标好，一会儿觉得那件事情棒，人只有把眼睛集中到一个点上，才能少走弯路，才能坚持在一条路上走下去，直到成功。

7. 养成良好的习惯。坚忍精神是好习惯的直接产物。倘若我们能够吸纳滋长心智的日常经验，并将其化为自身的一分子，那么我们就会在潜移默化中强迫自己采取正确的行动，并以此来对抗我们人生的最大敌人——恐惧。

倘若你能亲身去实践这些步骤，那么无疑是对你大有裨益的。

这些步骤，就是控制我们经济命运的步骤；

这些步骤，就是将我们的思想引向独立的步骤；

这些步骤，就是保证我们人生有所突破的步骤；

这些步骤，就是将我们心中梦想化为有血有肉的现实的步骤；

这些步骤，就是帮助我们建立坚韧精神，抛弃恐惧，主宰挫折和冷漠的步骤。

你掌握了它们，就可以得到不一般的回馈；你能真正做到这些，无疑就等于给自己的人生备下了一份大礼。

最后提醒大家，不要忘记那句话："宝剑锋从磨砺出，梅花香自苦寒来。"我们必须认识到，宏图大业不是异想天开、一蹴而就的，不经一番风霜苦，就没有梅香扑鼻来。成大功、立大业者，都得经过艰苦卓绝的奋斗、不同寻常的忍耐，几乎可以这样说，任何人所能取得的成就，基本上都是在坚忍中一点一滴积累起来的。细节上渐渐积累，战略上目光长远，进取心百折不挠，方可为自己事业的成功奠下厚实的基石。

这些做人的道理，就好比堆土为山，只要坚忍下去，总归有成功的一天，否则，眼看还差一筐土就堆成了，可是到了这时，你却歇了下来，一退而不再进取，也就会功亏一篑，没有任何成果。所以说，只有勤奋上进，不畏艰辛一往无前，才是向成功接近的最佳途径。

培养"咬定青山不放松"的气魄

有这样一首诗："咬定青山不放松，立根原在破岩中；千磨万击还坚劲，任尔东西南北风。"这是郑板桥借以形容成功人士的韧劲和毅力的，读起来朗朗上口，颇有教育意义。

相信很多人都喜欢用"百折不挠"来形容人的毅力，爱迪生所说的"我绝不允许自己有一点灰心丧气"，这就是"百折不挠"精神的一种表现。实际上，许多成功的取得何止经历"百折"！所以我们就需要有那种刚强的决心和韧性，这样才能经得起挫折，才能走向成功。正如居里夫人所言："人要有毅力，否则将一事无成。"英国文豪狄更斯也认为："顽强的毅力可以征服世界上任何一座高峰。"

对许多朋友来说，如果能像爱迪生那样"不允许自己有一点灰心丧气"，那么，你也能成为成功者，同样能迈向超级成功。用我国著名排球运动员郎平的话说，就是"要想成功，必须有超人的毅力"。

坚强的毅力要从小开始培养。倘若我们从小经受考验，注意培养自己的毅力，那么就可以期望在事业上同样获得成功。这方面具体的培养方法可以参考以下几点。

1."由易到难"

培养和锻炼毅力，最好先从难度小的事做起，以便取得马到成功之效，借此增强决心与信心。革命先烈恽代英说过："立志须用集义的功夫。余意集义者，即在小事中常用奋斗功夫也。……如小处不能胜过，尚望大处胜过，岂非自欺之甚乎？胜过小者，再胜过较大者，再胜过更大者。此所谓集义也。"恽代英所说的"集义"，显然也是指培养和锻炼毅力的意思。

2."择难而进"

一般说来，容易做到的事，对毅力的锻炼总是有限的。为了更好地培养和锻炼毅力，一方面需要从小事做起，由完成难度不大的事情起步；另一方面需要逐步提高难度，之后，再挑选做一些难度大的事情。《人性的弱点》作者卡耐基说："大胆地去做你所怕做的事情，并力争得到一个成功的纪录。"

3."挑战挫折"

正确对待挫折是培养和锻炼毅力的重要方面。"挑战挫折"要有对困难泰然处之的态度，把困难看作成功路上谁都难以避免的问题。面对挫折最重要的是头脑冷静，不要因挫折而惊慌失措，更不可灰心丧气。同时要有对困难战而胜之的决心，即下决心与挫折较量一番，看看究竟谁战胜谁。一旦你在"战略"上将挫折视为"纸老虎"，在"战术"上将挫折看作"真老虎"，那你将会发现挫折或困难变得比它们当初出现时要渺小得多！

成功必须要有恒心和毅力，这听起来似乎在说多余的话。然而有许多人恰恰没有让这些"多余的话"入耳、入脑，忽视了这类"老生常谈"，到头来一事无成。

医学史上曾有一种叫"606"的药。试验者在试验这种药时失败过605次，直至第606次才获得成功。试想研制这种药的人，只到几次、十几次或几十次，甚至到605次就失去了恒心，那非前功尽弃不可。

百折不回、锲而不舍正是"成在恒"的要求和表现。鲁迅先生早就说过："做一件事，无论大小，倘无恒心，是做不好的。"

"学贵有恒"这一说法，讲的也是恒心的重要性。当然，不光是读书，做任何事情欲成功却无恒心，恐怕难以见成效。一件事只要具备了成功的客观条件，那么其成败得失，与我们做事有无恒心及恒心大小是成正比的。有时候，事难成，可能就难在这个"恒"字上。

美国生物学家吉耶曼、沙得等人，克服了重重困难，顽强地进行下丘脑激素的研究工作。他们需要在实验中一个一个地处理27万只羊脑，才能获得1毫克"促甲状腺释放因子"的样品。由于他们具有持之以恒、百折不挠的精神，终于成功地发现了脑激素，共同荣获1977年诺贝尔奖。后来，有人问起："什么叫坚忍不拔？什么叫持之以恒？"吉耶曼和沙得回答道："那就是逐个地分析100万只羊脑！"

忽冷忽热、时紧时松，是有些朋友在成功征途上常犯的毛病。所以请你不要忘记：成在恒，贵在恒，克服困难也在恒。所以，要尽快改掉缺乏恒心的毛病，说不定成功就在此一举！

清代画家郑板桥十分欣赏竹子那种"咬定青山不放松"的顽强意志和对自己的严格要求。抓而不紧，等于不抓。"严"，不仅是严格要求自己，而且要"咬定"不放，一抓到底。有些人追求成功时，往往存在浅尝辄止、虎头蛇尾现象，由于缺乏"严"字当头的作风，所以不会"咬定"成功目标不放。也有少数人在成功之路上刚有点进展，却又将兴趣转移他处。出现此种情况还与他们急于求成有关系。古人说："夫君子之所取者远，则必有所待；所就者大，则必有所忍。"其实，从"严"字出发，就应当舍得下功夫，严格要求自己埋头苦干。而这一点又往往是被许多渴望成功的朋友所忽视的问题。

如今在国外普遍受到重视的"磨难教育"，常常帮助青少年在艰苦环境中去追求成功。

所谓"磨难教育"，就是有意识地在青少年中设置一些困难，故意让他们遭受一点挫折，其目的是让受教育者在与困难或挫折作斗争中经受锻炼。"磨难教育"设置困难或挫折不仅有生活和体能方面的，也有学习、工作乃至心理承受方面的。

其实，很多年轻的朋友更应该去接受这种"磨难教育"。因为刚踏入社会，我们要付出比别人更多的艰辛，也好借此去磨砺我们的意志，培养我们的勇敢、坚强、无畏的心理素质。

第七章
学会宽容：智慧的艺术就是懂得该宽容什么

宽容就是以宽阔的胸怀和包容的性格去面对人和事。"事在人为，休言万般皆是命；境由心造，退后一步自然宽"。拥有宽容的性格不仅能够与人和谐相处，还能够吸纳他人长处，充实自我，以实现个人价值。

豁达是一种超然洒脱的性格

豁达是一种博大的胸怀，是一种超然洒脱的性格，也是人类个性最高的境界之一。一般说来，豁达开朗之人比较宽容，能够对别人不同的看法、思想、言论、行为以及他们的宗教信仰、种族观念等都加以理解和尊重，不轻易把自己认为"正确"或者"错误"的东西强加于别人。他们也有不同意别人的观点或做法的时候，但他们会尊重别人的选择，给予别人自由思考和生存的权利。

人这一辈子，也不过百年，与其悲悲戚戚、郁郁寡欢地过，倒不如痛痛快快、潇潇洒洒地活。可人生一世，那么多的风风雨雨、坎坎坷坷，怎样才能活得精彩纷呈的？拥有豁达的性格就是最大的奥秘。

豁达是一种超脱，是自我精神的解放，人要是成天被名利缠得牢牢的，把得失算得清清的，是多么地累！人肯定要有追求，追求是一回事，结果是一回事。你要记住一句话：事物的发生发展都必须符合时空条件，有"时"无"空"，有"空"无"时"都不行，那你就得认了。人活得累，是心累，常唠叨这几句话就会轻松得多："功名利禄四道墙，人人翻滚跑得忙；若是你能看得穿，一生快活不嫌长。"

第七章　学会宽容：智慧的艺术就是懂得该宽容什么

豁达是一种开朗。豁达的人心大、心宽，悲痛的情绪也会在嬉笑怒骂、大喊大叫中被撕个粉碎。我们要按生活本来的面目看生活，而不是按着自己的意愿看生活。风和日丽，你要欣赏，雨雪风霜，你也要品尝，这才是本真的自然，你就不会有太多的牢骚、太多的不平。不过，"月有阴晴圆缺"对谁都一样，"十年河东，十年河西"，一切都会随着时间的推移而变化。阴阳对峙，此消彼长，升降出入，这就是生机。

豁达是一种自信，人要是没有精神力量的支撑，剩下的就是一具皮囊。人的这种精神就是自信，自信就是力量，自信给人智慧和勇气，自信可以使人消除烦恼，自信可以使人摆脱困境。有了自信，前途就充满了光明。

豁达是性格中最美好的因子，是一种至高的精神境界，说到底是对待人世的态度。苏东坡一生颠沛流离，却是"猝然临之而不惊，无故加之而不怒"。沈从文、马寅初，还有那些伟人都经历过跌宕起伏，他们对于人生的种种不平、不幸，都被其博大胸襟和知识学问所消融，以及由善良、忠直、道义所孕育的不屈不挠的生命力所战胜！

"坦坦荡荡，大大方方，巍巍峨峨，正正堂堂。

"雄雄赳赳，磅磅礴礴，轰轰烈烈，辉辉煌煌。"

郭沫若这首诗是歌颂天安门的，也是对豁达性格的赞美。

大度让人生没有敌人

智者一切求诸己，愚者一切求诸人。心胸宽广如和煦春风，万物逢之便生；心胸狭窄如阴冷朔风，万物逢之枯零。经常擦拭自己的心窗，使它不为灰尘所蒙蔽，窗明如镜，才能眺望得更高更远。

生活中因误解或种种原因，而出现"敌手"的事情是经常发生的，有"敌手"必然会引起心情的不快，并在诸多方面形成障碍。那么，懂得如何化解，便是十分宝贵的。大度性格是解除心理障碍的最佳良药。

俗话说：多一个朋友多一条路，多一个敌人多一堵墙。

我们都知道这句话，也明白这个道理。但是，一旦知道别人做了对不起自己的事，仍免不了耿耿于怀。看到这个人时，轻则如陌路相逢，视若无睹；重则似仇人相见，分外眼红。有多少人能不计旧怨前嫌，与仇人把酒结欢呢？

其实，冤冤相报，未必有什么好处：他损害我在先，我怀恨于心在后，于是便费心费神地盯着他，一心想寻个机会，以牙还牙。

但静下心来想一想，报复之后又得到了什么呢？而为一时意气之争，图片刻口舌之快，又会失去多少本该属于自己的快乐和轻松啊！费尽心机去精谋细划，绞尽脑汁来苦苦算计，最终换来的仅仅

第七章　学会宽容：智慧的艺术就是懂得该宽容什么

是别人的敌视与更深的怨恨，实在太划不来了。

倘若是国恨家仇，那就非报不可。但在现实生活中，我们很难碰上这种人，平素与我们结怨的，多半是为利益冲突而起，或是为意气之争。为小利而结仇，可能损大利，为一时意气而结仇，可能惹大祸，都是得不偿失的事。在不违反做人原则的前提下，以德报怨不失为一种高明的处世之道：即使他与我们曾有过节，我们也应尽力做到不计前嫌；他大红大紫、春风满面时，我们不妨也去锦上添花；他落魄困窘、山穷水尽时，我们不妨雪中送炭。用我们真挚的热情，融化冰封的情感，脱去彼此面容上冷漠的伪装；用我们的大度与宽容，擦去恩怨的污浊，让纯洁的灵魂更加透明。

这样，我们就无须绞尽脑汁、劳心伤神算计别人，也不需绷紧神经，警惕一切动静，防人算计；我们可以不再担心自己得胜之时无人喝彩，也不用害怕陷入危难之际孤立无援。这样处世岂不堂堂正正？这样做人岂不轻轻松松？

林肯当选为美国总统后，他对政敌的态度引起了一位官员的不满。这位官员批评林肯说："你为什么试图跟那些敌人做朋友？你应该想办法去打击他们，去消灭他们才对。"林肯平静而温和地说："难道我不是在消灭我的敌人吗？当他们变成我的朋友时，就没有敌人存在了。"

面对"敌人"，大多数人的看法是毫不留情地把他消灭掉，因为对敌人的仁慈，就是对自己的残忍。这话听起来很有道理。但事实并非绝对如此，正如一位哲人所说的："我们的成功，也是我们的竞争对手造成的。"所以在一定的情况下要像林肯那样，用宽容的眼光去对待"敌人"，用宽容来"消灭"他。

在怎样消灭敌人这件事情上，还有一个人的做法与林肯较为相似，这个人就是拿破仑。

拿破仑对面前的任何障碍都狂怒异常，对待任何胆敢抗拒他的意志的人都严厉无情，可当他获胜时这种态度就全然改变了。他对败军极为仁慈，他真诚地怜悯他们。他经常对手下的人说："一个将领在打了败仗那天是多么可怜！"

有两名英军将领从凡尔登战俘营逃出，来到布伦，因为身无分文，只好在布伦停留了数日。这时布伦港对各种船只看管甚严，他们简直没有乘船逃脱的希望。

对家乡的热爱和对自由的渴望，促使这两名俘虏想了一个大胆而冒险的办法，他们用小块木板拼凑，制成一只小船，准备用这只随时都可能散架的小船横渡英吉利海峡，这实际上是一次冒死的航行。当他们在海岸上看到一艘英国快艇，便迅速萌动小船，竭力追赶。但他们离岸没多久，就被法军截获了。

这一消息传遍整个军营，大家都在谈论这两名英国人的非凡勇气。拿破仑获悉后，极感兴趣，命人将这两名英军将领和那只小船一起带到他面前。他对于这么大胆的计划竟用这么脆弱的工具去执行感到非常惊异，他问道："你们真的想用这个渡海吗？""是的，陛下。如果您不信，放我们走，您将看到我们是怎么离开的。"

"我放你们走，你们是勇敢而大胆的人。无论在哪里，我见到有勇气的人就钦佩。但是你们不应用性命去冒险。你们已经获释，而且，我们还要把你们送上英国快艇。你们回到伦敦，要告诉别人我如何敬重勇敢的人，哪怕他们是我的敌人。"

拿破仑赏给这两个英军将领一些金币，放他们回国了。

第七章　学会宽容：智慧的艺术就是懂得该宽容什么

许多在场的人都被拿破仑的宽宏大量惊呆了。只有拿破仑知道，他的士兵们将从这番话中受到怎样的鼓舞，他的人民将如何赞扬他的宽容无私。他似乎已经听到了士兵们震天的呼声以及巴黎激动人心的口号。哲学家卡莱尔说："伟人往往是从对待别人的失败中显示其伟大的。"用豁达宽容的性格去对待你的"敌人"，这样就会表现出你的与众不同之处，也正因为你闪光的人性，将使你能得到别人的信任和敌人的佩服，这样你就既赢得了他们的心，也取得了最高层次的胜利。

在与"敌手"的竞争中，能利用自己宽容大度的性格征服对方的心，才是最伟大的胜利，而用大度与宽容擦去恩怨的污浊，让灵魂更加透明，乃是取得这种胜利的必要条件。

小肚鸡肠者难成大器

明代洪应明在《菜根谭》中说道："不责人小过，不发人隐私，不念人旧恶，三者可以养德，亦可以远害。"这是教人处世的重要智慧。意思就是：不要责难别人犯下的轻微过失，不要随便揭发他人生活中的隐私，更不可以对他人过去的过失或旧仇耿耿于怀，久久不肯忘掉。做到这三点，不但可以修养自己的品德，也可以避免遭受意外的灾祸。

一个人能够拥有宽容的性格，他就能容忍他人的过失，这些都需要自己有度量。所谓度量，原本是指计量长短和容积的标准，人们后来拿它喻指人的器量胸襟。

"将军额上能跑马，宰相肚里能撑船。"蔺相如立功归来，位尊俸厚，廉颇不服，屡次向他挑衅，但他仍以国家利益为上，以社稷为重，处处忍让。三国时期的蒋琬，有下属在背后说他的坏话，认为他办事不行，不如前人。有人向他告发，他也毫不介意，还说那人说得对，自己确实不如前人。何以如此，气量大也。

有的人却气量狭窄，锱铢必较，小肚鸡肠，不能容事。

《三国演义》中，诸葛亮气死周瑜、骂死王郎，这两个人怎么这么容易就死了？皆因为气量狭窄。我国汉代的才子贾谊，他的《过秦论》、《论积贮疏》名满天下，流传至今，可他却在32岁那年，因遭权贵的诽谤、排挤，"自哭自泣，至于夭绝"。为什么会这样呢？气量小也。

再如宋代的欧阳修，他在朝中担任要职时，曾荐举王安石、吕公著、司马光三人当宰相，而这三个人对欧阳修可以说都很不敬。欧阳修因为欣赏王安石的才华，曾赠诗给王安石，希望他在政治、文学上能取得卓越超群的成就。而王安石却没把他放在眼里，还回赠诗："他日若能窥孟子，此身何敢望韩公。"给欧阳修吃了一个闭门羹。吕公著是前朝宰相吕夷简的儿子，他们父子二人都曾攻击过欧阳修，欧阳修贬官滁州，就有他们父子的推波助澜。司马光与欧阳修也不睦，还当面顶撞、指责他。但是欧阳修觉得这三个人有才学，有能力胜任宰相一职，认为他们能为国家做一些事情，因此以如海之度量举荐了他们。

若没有为社稷着想、以国事为重的观念，怎能如此？而欧阳修也以其宽广的胸怀为后人所称道。

小肚鸡肠、气度狭小，因一件小事就耿耿于怀的人终究成不了大气候，纵有雄心壮志，也是徒然。

摒弃性格中的狭隘与偏见

在任何时候，我们都应该摒弃性格中的狭隘与偏见，平等地待人。

玫琳·凯是美国著名的管理专家，在她成名之前曾是一家化妆品公司的推销员。

有一次，她参加了一整天的销售练习，很渴望能和销售经理握握手，因为那位经理刚刚作了一篇十分鼓舞人们士气的演讲。玫琳整整排了3个小时的队，好不容易才轮到她和那位经理见面。遗憾的是，那位经理根本没有拿正眼看她，只是从她的肩膀上方望过去，看看队伍还有多长，甚至根本没有察觉他要与玫琳握手。玫琳等了3个小时，就获得了这样的接待！她觉得人格上受到了侮辱，自尊受到了伤害。于是她立志做一个经理："如果有一天人们排队来和我握手，我将给每一个来到我面前的人全然的关注——不管我当时多么疲劳！"

后来，玫琳·凯的愿望真的成为了现实。以她自己名字命名的化妆品公司终于成为一家具有相当规模的大企业，也有很多慕名者来找她握手，她确实始终坚持她以前曾发过的誓言。她说："我有很多次站在长长的队伍前，与各种人士进行长达数小时的握手。一旦感觉疲劳了，我总是想起自己从前排队和那位经理握手的情形。一想起他不正眼瞧我给我带来的伤害，我立即打起精神，直视握手者的眼睛，尽可能地说些比较亲近的话……"

在人之上，要视别人为人；在人之下，要视自己为人。这不仅是一个心态的问题，也是一个道德问题。其实，一个人对另一个人的态度在现实生活中的重要性是不言而喻的。

一天晚上，闲着无事的艾森豪威尔在营帐外散步。他看见一个士兵正在营帐背后黯然神伤，便走了过去："嗨，看来我们是同病相怜啊，我的心情也特别不好，我们可以一起走走吗？"士兵看到艾森豪威尔的突然出现，原本很紧张，可万没想到这位令人尊敬的将军竟在他最需要朋友倾诉的时候会来邀他散步，他自然感到万分荣幸，他们的谈话也很放松。用这位士兵的话说："那天晚上他不再是指挥千军万马的将军，我也不再是默默无闻的小兵，我们是无所不谈的朋友。"正是那次谈话，使这个一向都很悲观的士兵乐观了起来，在以后的战斗中显示了出奇的英勇。

一次，英国女王维多利亚在和丈夫阿尔伯特亲王发生激烈口角的时候，流露出了居高临下的语气，伤害了亲王作为男性的尊严。为了表示不满，亲王一句话也没有说就进了自己的房间，并把门紧紧地关了起来。几分钟之后，有人来敲门了。

"谁？"亲王气呼呼道。

第七章 学会宽容：智慧的艺术就是懂得该宽容什么

"我，快给英国女王开门。"维多利亚依旧傲慢地回答。

阿尔伯特一听，心里就不大受用，更别说开门了。隔了许久，敲门声再次响起，但这次温柔了许多，还听到一个声音轻轻地说道："阿尔伯特，是我，维多利亚，你的妻子。"

房门打开了，怨气全消的阿尔伯特站在门口，两个人终于重归于好。

维多利亚女王把宫廷里的那一套做派拿到两个人的世界来运用，这显然是错的。处于劣势地位的人们原本就很敏感，任何一点点异常的举动都会引起他们极大的注意，就像人们常说的那样，在矮个子面前别说短话，处于高位的人要照顾底下人的情绪。同时，处于卑微地位的人们更应树立起自尊自强的信念，因为很多时候，如果连你自己都看不起自己的话，又怎么能让别人看得起你呢？

松下幸之助在给他的员工培训时曾有过这样的一段论述："不怕别人看不起，就怕自己没志气。人须自重，而后为他人所重。应该让人在你的行为中看到你堂堂正正的人格。"当然，自重并不仅在于不自卑，也在于不要在行为表现中玷污甚至丧失人格。

著名的成功学者戴尔·卡耐基在谈到人际交往时也曾提到，过分自卑、缺乏自信心的人，对人际关系谨小慎微、过于敏感的人，对他人批评过分的人以及完成工作任务后过分自夸的人等，都影响与他人交往。卡耐基曾指出："指责和批评收不到丝毫效果，只会使别人加强防卫，并且想办法证明他是对的。批评也很危险，会伤害到一个人宝贵的自尊，伤害到他自己认为重要的感觉，还会激起他的怨恨。"所以，他建议不要指责别人，而要"尝试着了解他们，试着揣摩他为什么做出这样的事情。这比批评更有益处和趣味，并且可以培养同情、容忍和仁慈"。

富兰克林说他做外交官成功的秘诀是"尊重任何交往对象。我不会说任何人的缺点，我只说我认识的每一个人的优点"。

第八章
恪守诚信：诚信是人生的命脉，是一切价值的根基

你可以没有文凭或背景，但是你不能没有"诚信"，因为没有前者可能失去一次机会，而没有后者将失去周围一切机会。在物质上丰富的今天，我们如果受功、名、利的诱惑，一时鼠目寸光丢失"诚信"，就将输掉机会和未来。决定成功的因素固然多，但诚信绝对是其中非常重要的一点。

诚实不欺，能够促进你事业的成功

做人为什么要诚实？首先，诚实会使我们内心坦然，而说谎、虚伪、欺瞒，则会折磨你的良心，让你的心境处在一种灰暗、忐忑不安、时刻紧张的状态中。这种自我折磨正是不诚实的必然结果。

古波斯诗人萨迪说："讲假话犹如用刀伤人，尽管伤口可以治愈，但伤疤将永远不会消失。"他还说："宁可因为真话负罪，不可靠假话开脱。"

萨迪的话的确很耐人寻味。说谎或说假话，常被一些人视为"聪明"的处世之道。他们为了掩饰自己的过错或推脱责任而说谎，或者为了谋取个人利益而骗人。他们自以为得计，或暂时得逞，但假的就是假的，谎言早晚有被揭穿的一天，那时他们将因自己的不诚实而失去他人的信任。谎言在被骗者心头留下的伤疤是很难消失的。我们都知道那个"狼来了"的故事，小男孩可以一次又一次地骗人，但当狼真的来了时，就没有人再相信他了，他只能眼睁睁地看着羊被狼叼走。

有一个笑话，说有一个老太婆卖松花蛋，就是鸡蛋外面糊着一层泥和草的那种。松花蛋卖得很火，老太婆动心眼了："我干吗这么实诚呢？"她于是把大鸡蛋换成了小鸡蛋，外面糊上厚厚的泥。没

第八章　恪守诚信：诚信是人生的命脉，是一切价值的根基

想到，照样卖得很火。老太婆尝到"甜头"了，又把鸡蛋换成了土豆——还是卖得很火。一不做二不休，老太婆索性用鹅卵石代替土豆，冒充松花蛋卖！她的"松花蛋"还是卖得很火！

当老太婆高高兴兴地点着手里的钞票时，她的头上突然下起了"雹雨"——一块块鹅卵石、一颗颗土豆，甚至还有一个个鸡蛋，劈头盖脑地都砸向了她。

时至今天，诚实仍应该是我们每个人所追求的美德。人民教育家陶行知曾满腔热情地赞扬过一个叫平老静的老者，称他"平凡而伟大"。平老静当年在河北保定开一家肉包子铺。他拿了包金的镯子去当，赎回来的是真金镯，就去当铺还掉。大家都知道平老静是诚实人，都去他的铺子里买包子，因此生意兴隆。这就是社会对诚实的认同。

诚实不欺，不但使你求得良心的平静，也能帮助你获得他人的信任，以促成你事业的成功。

没有信誉的人，在这个世界上举步维艰

人格是一生最重要的资本。要知道，糟蹋自己的名誉无异于在拿自己的人格做典当。

一个人凭着自己良好的品性，能让人在心里默认你、认可你、

信任你，那么，你就有了一项成功者的资本，要比获得千万财富更足以自豪。但是，真正懂得获得他人信任的方法的人真是少之又少。多数人都无意中在自己前进的康庄大道上设置了一些障碍，比如有的人态度虚伪，有的人缺乏机智，有的人不善待人接物……这些常常使一些有意和他深交的人感到失望，对他失去信任。

聪明人都会努力培植自己良好的名誉，使人们都愿意与之深交，愿意竭力来帮助自己。

有一次，我国一艘海轮通过美国主管的巴拿马运河，可是该船抵达外锚地已是下午4点，这里已有30余艘船正在排队等候通过。如果按先来后到的次序，我国这艘海轮最早也要等到第二天下午才能过巴拿马运河。时间就是金钱。光排队耗费的时间，就会使这艘海轮损失一笔可观的收入。正在中国船员为这件事十分懊丧时，美国方面却通知：中国海轮早上5点起锚，为第二名通过的轮船。

这艘中国海轮为什么会受到优待呢？原来，主管巴拿马运河的美国管理机构不讲情面，却重信誉。他们从计算机调出的档案资料表明：这艘中国海轮三次经过巴拿马运河，每次都是船况良好，技能颇佳，可信度高，所以决定让中国海轮领头先行。

望着运河中缓缓而行的船队，中国船员想着自己所受到的优待，更觉得"信誉"不但重千金，而且是永久性成功的生命力。

人要获得成功，因素有很多，但有一点不容忽视，那就是信誉。优秀的人在追求成功的道路上，从来不给别人留下不诚实和不守信誉的印象。正如有人比喻的：信誉仿佛是条丝线，一旦断了，想接起来，难上加难！

美国堪萨斯城郊的一所高中，一批高二的学生被要求完成一项生物课作业，其中 28 个学生从互联网上抄袭了一些现成的材料。

此事被任课的女教师发觉，判定为剽窃。于是，这 28 名学生的生物课成绩为零分，并且还面临留级的危险。在一些学生及家长的抱怨和反对下，学校领导要求女教师修改那些学生的成绩。这位女教师拒绝校方要求，继而愤而辞职。

这一事件，引起了全社会的广泛关注，也成为全市市民关注的焦点。

面对巨大的社会反响，学校不得不在学校体育馆举行公开会议，听取各方面的意见。结果，绝大多数的与会者都支持女教师。

该校近半数的老师表示，如果学校降格满足了少数家长修改成绩的要求，他们也将辞职。

他们认为：教育学生成为一名诚实的公民，远比通过一门生物课程更重要。

被辞退的女教师每天接到十几个支持她或聘请她去工作的电话。一些公司已经发传真给学校，索要作弊学生的名单，以确保他们的公司今后永不录用这些不诚实的学生。

谁会想到呢，一些中学生的一次作业抄袭行为所引发的事件，竟在全美国引起轩然大波。

也许有的人会认为美国人是在小题大做，这样想就错了。在这个故事中，我们应该感受到的是"信誉"两个字那沉甸甸的分量。信誉是一个人立足社会的基础，一个民族、一个国家立足于世界之根本。一个人可以失去财富、失去机会、失去事业，但万万不可失去信誉。一个没有信誉的人，在这个世界上将会举步维艰。

如果要取信于人，必须做到恪守承诺

现代社会要求人们讲究诚信。诚信，它是做任何事情的前提，也是一个人为人处世的最基本的要求。如果我们一味地虚伪，换回来的只会是利益相关之下的交情。要得到别人的信任，首先要靠自己的坦诚，也就是说要以真诚待人，拿出自己的真心，涉及其他人的利益时，要设身处地地为他人着想。

诚实守信是一种人格名誉。任何人都应该努力培植自己良好的名誉，使人们都愿意与你深交，都愿意竭力来帮助你。一个明智的人，一定要把自己训练得十分出色，不仅要有做事的本领，为人也要做到十分的诚实和坦率。

诚信是做人之本，有些人可能会认为成功人士的成功来自于他工作技巧的精妙，而实际上，诚实更是他成功的主要条件。

很多现代工商界人士只知道名震海内外的"宁波帮"，但极少知道它的奠基者严厚信，也不知道他是我国近代第一家银行、第一个商会、第一批机械化工厂的创办者，更不知道为什么他在当时的工商界信誉是多么卓著、成就如何令人瞩目。

严厚信原籍慈溪市，少年时，因为家里贫困，他只上过几年私塾，辍学后在宁波一个钱庄当学徒。但他没干多少时间就被老板借

第八章 恪守诚信：诚信是人生的命脉，是一切价值的根基

故"炒了鱿鱼"。之后，他经同乡介绍在上海小东门宝成银楼当学徒。在此期间，他手脚勤快、头脑灵光，很快掌握了将金银熔化的技术，并掌握了打铸钗、簪、镯、戒指和项圈等各种首饰的技巧。同时，业余时间他酷爱读书，尤其酷爱书法和绘画。他常常临摹古今名家的作品，几乎可以达到乱真的程度。

后来，严厚信在生意中结识了胡雪岩。一次，胡雪岩在宝成银楼订做一批首饰，严厚信亲自动手，做好后又亲自送去。胡雪岩给他一包银子，要他点一下，他说："我相信胡老爷，不用点。"但是，拿到店里数一下，发现少了2两银子，他不声不响，将自己的辛苦工钱悄悄地凑在里面，交给了老板。又一次，胡雪岩要宝成银楼的首饰，严厚信送去之后，又数也不数拿了一包银子回来。可是，回来一数，吓了一跳，多出了10两银子。10两银子，当时相当于一个小伙计的几年辛苦工钱，此时，他想起家里大人的教诲，绝不能要昧心钱，因此，次日一早，他马上送还给了胡雪岩。

其实，同前一次一样，这是胡雪岩在考核他的品行。自然，他得到了胡雪岩的好感。继而，他以自画的芦雁团扇赠给胡雪岩，深得胡雪岩的赏识，称赞他"品德高雅、厚信笃实，非市侩可比"，于是，推荐给李中堂李鸿章。他得到了在上海转运饷械、在天津帮办盐务等差使，逐渐积累了一些金钱，尔后，他在天津开了一家物华楼金店。

严厚信拿自己的诚信换取了他人的信任和赏识，他人的信任和赏识也把严厚信推向了成功与卓越。

换个角度来说，一个人一旦失信于人一次，别人下次再也不愿意和他交往或发生贸易往来了。别人宁愿去找诚信可靠的人，也不

愿再找他，因为一个人的不守信用可能会生出很多麻烦。

许多人能获得成功，靠的就是获得他人的信任。但直至今日仍然有很多人对于获得他人的信任一事漫不经心、不以为然，不肯在这方面花些心血和精力。

李嘉诚十分诚恳地拿一句话奉劝想在工作上有所作为的人："你应该随时随地地去加强你的信用。"一个人要想加强自己的信用，并非心里想着就能实现，他一定要有坚强的决心，以努力奋斗去实现。只有实际的行动才能实现他的志愿，也只有实际的行动才能使他有所成就。换言之，要获得人们的信任，除了一个人人格方面的基础外，还需要实际的行动。

一个企业的开始意味着一个良好信誉的开始。有了信誉，自然就会有财路，这是一个企业发展必须经历的过程，就像做人一样，对自己所说出的每一句话、做出的每一个承诺，一定要牢牢记在心里，并且一定要能够做到。兑现自己的承诺，这也不仅仅是个人品质问题，更对工作有深远影响。

如果要取得别人的信任，你就必须做到恪守承诺。在做出每一个承诺之前，必须经过详细审查和考虑。一经承诺之后，便要负责到底。即使中途有困难，也要坚守承诺，贯彻到底。当我们这样付出后，我们得到的可能不仅仅是别人的信任，还会有巨大的成功。

第九章
走向成熟：没有理智的人决不会有理性的生活

有些人在遇到事情时不加考虑，匆忙决定后又后悔不已，有时甚至造成不可挽回的局面。可是这世上根本没有后悔药，我们无法预知明天，所以许多事情的成败常常取决于我们是冷静理智还是草率鲁莽。有些人之所以失败，也许就败在了缺乏思考和准备。而那些头脑理智的人总是权衡利弊、谋定后动，因而更容易成功。

理智冷静是成大事的根本

理智表现为一种明辨是非、知晓利害以及控制自己行为的能力。具备这种能力并能自觉保持，或者更深层次地说，当这种能力变成一种理性取向时，它便形成一种性格。具备理智性格的人，性情稳定，思想成熟，想法全面，做事周密，因此成功的概率很高。

反过来说缺乏理智的人不但抓不住机遇，而且还会害人害己。

缺乏理智的人由于对社会纷繁复杂的事物不能看清、看透，因此很难做出正确的判断。缺乏理智的人比较盲目，不懂得审时度势，对事物的发展没有深刻认识，所以更容易感情用事。遇到突发事件时，缺乏理智的人自控能力比较差，而且缺乏责任感。这种人最大的弱点是不冷静。因此，纵使机遇迎面而来，他们也看不清其"本相"。

李伟毕业于一所普通高校，人虽无一技之长，却自视甚高。一天，他在报纸上看到两则招聘广告，便抱着试一试的想法前去应聘。第一家公司规模较小，成立时间又短，而且急需人才，所以经过简单面试后，决定试用他。李伟便觉得是因为自己有极强的实力，所以才被公司录用。一天下来，他对公司的情况不是很满意，第二天没有上班，又去了另一家公司面试。这家公司规模大，要求也高，

第九章 走向成熟：没有理智的人决不会有理性的生活

李伟没有通过考试。李伟觉得很委屈，认为公司没录用他很不公平，但又找不到其他工作，就想回到第一家应聘的公司。可是，第一家公司规模虽小，也不愿用这种盲目、浮躁的人，便以"录用人员已满"为由，将他拒之门外。遇事不理智，使他错失工作良机。

人们常把一些人的成功归功于机遇，却不知自己也曾有过成功的机遇，只是由于缺乏理智，才与机遇擦肩而过。缺乏理智就意味着思维盲目，头脑处于一种浮躁状态。这样的人，在面对各种机遇时就会难以把握，错失良机。

有一位厂长，为人正直，又很有爱心，只是有时容易失去理智，但只这一个缺点，就把他变成了千古罪人。这位厂长所辖工厂规模不大，勉强能够运转。他心急如焚，想为职工找个好项目，为地方经济的发展做点贡献，于是出门取经。

一天，厂长在一家餐馆吃饭，听两个商人打扮的人正聊如何赚钱，他就在一旁仔细听。原来，现在世界上一些国家乳胶手套走俏，听说还能出口，而且利润很高。厂长听罢热血沸腾，饭都没顾上吃，坐车就赶回企业，和全体员工一说，大家齐夸厂长精明。他未经冷静思考，又去找当地领导，领导一听有好项目，当然支持，于是批示银行给贷款 60%。同时职工们纷纷主动凑钱。就这样，在盲目的创业热情中，不到两个月，一套生产乳胶手套的全自动设备就进厂了。开始的时候还真赚了点钱，可不到三个月，这种手套就没了销路。看着一箱箱的手套，厂长捶胸顿足，但是一切都晚了。

这位厂长的出发点是好的，可是他缺乏理智，没有全面地对市场前景进行理性分析、预测，从而做出了错误的判断和决策，误人误己，落得如此下场。

机遇永远属于理智的人,因为他们在机遇面前总能够保持理性、周详和冷静。

理智为机遇提供思想准备。机遇永远留给头脑有准备的人,这里说的头脑准备就是一种理智状态。机遇是公平的,从不偏爱任何人;机遇是苛刻的,它也从不让人轻易获得。只有在思想上做好准备的人才与机遇有缘。

理智还为捕捉机遇提供心理保证。机遇在成功过程中的作用不容忽视,创造机遇就能创造财富,把握机遇就是把握人生。那么如何创造机遇,把握机遇呢?当然是要做理智的人,因为理智的人从不被动地等待机遇,而是主动地寻找机遇,果断地抓住机遇。所以在机遇面前,他们可以牢牢把握住。就像一粒种子,在地里积蓄力量,一听到春的召唤,马上就破土而出。人也是一样,在机遇没来之前,应该充实自己,只有先练好了本领,才能抓住机遇;如果没有打虎的本领,即使让你有机会通过景阳冈,也只能是枉送性命。

急则有失,怒中无智

张亮的脾气特别急,有一次老婆让他到副食商店买一种新来的酱油,话还没听完,他就嚷着"知道了,知道了",推门走了出去。可到了商店他却傻了眼,原来还没有听清老婆说的是哪个牌子,于是只好回家问老婆。可是他走到半路又回来了，原来是忘记带钱了。工作中，张亮也改不掉这个毛病，总是顾头不顾尾，虽然下了不少功夫，可是鲜有成效，令他很是苦恼。

张亮这种常出现的情绪反应就是急躁，它是人们常出现的情绪反应之一。通常情况下，急躁的人会有如下表现：不论干什么工作，一时兴起马上动手，既没认真准备，又无周密计划，而且一开始就急于见成效，遇到困难时更是烦躁不安；在等候消息时，心情格外急切，坐立不安；处理矛盾和问题时，易鲁莽和冲动；盲目行动，往往事与愿违。当事情遭到挫折时，往往不能冷静分析原因，而是带着更加急躁的情绪，不冷静地进行下一步的活动，结果仍然没有满意的结果，时间长了，就会使人丧失对自己的信心。

急躁的人还易怒。生活中，爱发脾气的人往往性子都很急。而愤怒容易使人失去控制，在盛怒下失去理智，作出伤害自己或他人的行为。

正所谓"急则有失，怒中无智"，偶尔有些急躁，是正常现象，这是内在情感的自然表现形式。但如果长期处于急躁的心理状态中，不但对生活和工作影响巨大，而且也会使人心神不宁，出现情绪紊乱。所以做好适当的调节是必要的。

1. 加强素质训练

急躁心理往往与个性密切联系在一起，并形成了习惯性。克服急躁心理，可以有针对性地做一些素质训练，如通过下棋、画画、做小手工艺品等方法，磨炼自己的耐性和韧性，久而久之，自然会养成不急躁的好习性。

2. 加强计划性

做事之前首先冷静思考一番，掌握事情的发展规律，妥当做好充分准备，那么，完成事情的过程就会变得十分有趣。想想看，当事情的发展在你的掌控之中并按你的预计在发展的时候，你会充分享受这个过程，享受这种控制事情而不是被事情控制的感觉。

3. 自我提醒

当出现急躁情绪时，及时地自我提醒，并进行心理上的放松和暗示，告诉自己"我不能急躁"，尽可能通过心理暗示使自己平静下来。

4. 情景提醒

可在办公室、卧室、书房的显眼位置写上"勿躁"、"慎思"等条幅，情绪急躁时看上几眼。这种特殊的暗示，会对平息激动情绪产生意想不到的效果。

5. 生活调整

适当调整工作与休息的时间，定好锻炼身体的时间，经常散散心，放松绷紧的神经。学会耐心地将一件小事做好，你就不会总出错了。

学会控制情绪，遇事不要冲动

郭冬临老师在春晚小品中曾说过一句颇为精辟的话——"冲动是魔鬼"，一时间成为大家津津乐道的口头禅。的确，冲动是魔鬼，人在"冲动"的驾驭下,往往会做出一些匪夷所思的举动,甚至不惜去触犯法律、道德的底线,为自己的人生抹下一道重重的阴影。

其实,人活于世,俗事本多,我们真的没有必要再去为自己徒增烦恼。遇事,若是能冷静下来,以静制动,三思而后行,绝对会为你省去很多不必要的麻烦。否则,你多半会追悔莫及。

有这样一则故事,颇有警示意义。

古时有一愚人,家境贫寒,但运气不错。一次,阴雨连绵半月,将家中一堵石墙冲倒,而他竟在石墙下挖到了一坛金子,于是转眼成为富人。

然而,此人虽愚笨,却对自己的缺点一清二楚。他想让自己变得聪明一些,便去求教一位禅师。

禅师对他说:"现在你有钱,但缺少智慧,你为何不用自己的钱去买别人的智慧呢?"

此人闻言,点头称是,于是便来到城里。他见到一位老者,心想:老人一生历事无数,应该是有智慧的。遂上前作揖,问道:"请问,您能将您的智慧卖给我吗?"

老者答道:"我的智慧价值不菲,一句话要100两银子。"

愚人慨言:"只要能让自己变得聪明,多少钱我都在所不惜!"

只听老者说道:"遇到困难时、与人交恶时,不要冲动,先向前迈三步,再向后退三步,如此三次,你便可得到智慧。"

愚人半信半疑:"智慧就这么简单?"

老者知道愚人怕自己是江湖骗子,便说:"这样,你先回家。如果日后发现我在骗你,自然就不用来了;如果觉得我的话没错,再把100两银子送来。"

愚人依言回到家中。当时日已西下，室内昏暗。隐约中，他发现床上除了妻子还有一人！愚人怒从心起，顺手操过菜刀，准备宰了这对"奸夫淫妇"。突然间，他想起白日向老者赊来的"智慧"，于是依言而行，先进三步，再退三步，如此三次。这时，那个"奸夫"惊醒过来，问道："儿啊，大晚上的你在地上晃悠什么？"

原来那个"奸夫"竟是自己的母亲！愚人心中暗暗捏了一把汗："若不是老人赊给我的智慧，险些将母亲错杀刀下！"

翌日一早，他便匆匆赶向城里，去给老者送银子了。

常言道："事不三思终有悔，人能百忍自无忧。"冷静就是一种智慧！世间的很多悲剧都是因一时冲动所致。倘若我们能将心放宽一些，遇事时、与人交恶时，压制住自己的浮躁，考虑一下事情的前前后后以及由此造成的后果，且咽下一口气，留一步与人走，人与人之间的关系就会变得和谐许多。

据说青年拳击手王亚为某日骑车上街，在路口等红灯时，后面冲上来一个骑车的小伙子撞到他的自行车上。小伙子不但不道歉，反而态度蛮横，要王给他修车。王很是恼火，但是他极力控制自己的情绪不发作。这小伙子不自量力，口出狂言："你是运动员吧？你就是拳击运动员我也不怕，咱们练练？"一听对方要打架，王连忙后退说："别打别打，我不是运动员，我也不会打架。"因为他的示弱，一场冲突避免了。事后他说："我知道，我这一拳打出去，对普通人会造成多大的伤害。我必须时刻提醒自己要忍耐，示弱反而让我感到自己更强大。"

有道是"他强任他强，清风拂山岗；他横任他横，明月照大江"！我们做人，理应如王亚为这般，在无谓的冲突面前，晓得忍

第九章 走向成熟：没有理智的人决不会有理性的生活

让，有时示弱即是强！示弱才能无忧！

那么，在遭遇突发事件时，我们如何才能控制住自己冲动的性格呢？

首先，我们要调动理智，使自己冷静下来。当我们遭遇强烈刺激时，一定要强迫自己——冷静、再冷静，迅速对事情的前因后果做出一个理性分析，以此"缓兵之计"来消除冲动，不要让鲁莽的性格、轻率的举动使自己陷入被动。

其次，我们可以用暗示等方法转移注意力。让我们生气的事情，一般来说都涉及到我们的切身利益，的确，这很难一下子冷静下来。所以，当我们感觉到自己的情绪异常激动、即将爆发之时，我们可以用自我暗示等方法转移自己的注意力，使自己放松下来，克制自己的冲动情绪。例如，我们可以在心里对自己说"冲动是魔鬼，谁碰谁后悔"、"先放放再说，没什么大不了的"；或者我们可以去做一些其他的事情，或者找一个安静的地方放松自己……事实上，这些方法都很有效。

最后，在冷静下来之后，我们要好好想想如何妥善地将问题解决掉。要知道，无论遇到什么事，逃避都不是最好的选择，我们必须学会处理问题的方法，一般来说，我们可以按以下几个步骤进行。

1. 明确问题产生的主要原因以及关键点在哪。
2. 罗列出有可能解决问题的方法。
3. 去掉那些可能令别人难以接受的方式。
4. 找出最佳的解决方式，并付之于行动，逐渐学会控制冲动情绪的方法。

其实，我们每个人都有冲动的时候，它是一种不可避免的、难以控制的情绪，但我们仍要将其限制在可以掌控的范围内，因为每一次头脑发昏的冲动，都可能会令你遗憾终身。所以大家一定要注意，不要让冲动毁了自己。

在忍耐中静待时机

忍耐就是一个坚持的过程，在等待一个时机，并在等待的过程中，不断地完善自己，直到时机成熟。

纵观历史风云人物，最能忍者，当莫过于越王勾践。

周敬王二十四年，吴王阖闾率大军亲征越国，越王勾践迎战。此战，吴王阖闾大败而归。阖闾在返吴途中，伤重恶化，命殒黄泉。

阖闾死后，太子夫差继位，他终日不忘杀父之仇，并对天盟誓："誓要灭掉越国，为父报仇！"为坚定复仇的决心，夫差派人站于门旁，见到自己就高喊："夫差，你难道忘了杀父之仇吗？"夫差则含泪答道："杀父之仇，不敢忘记！"

为早日复仇，夫差日夜操练兵马，储备粮草，铸造武器。经过三余年准备，吴国民富兵强，复仇时机已然成熟。周敬王二十七年，夫差遣伍子胥、伯吉为大将，统军30万，直逼越国。

越王勾践不纳范蠡、文种之言，率兵轻进，结果大战之下，越兵死伤无数，胜负已成定局。勾践见大势已去，只好在众臣保护下，仓惶逃跑。吴军势如破竹,穷追不舍,将勾践藏身的会稽山围得水泄不通。勾践束手无策,便向大臣们寻求解困良策,文种说道:"如今之计,惟有求和。"勾践叹气道:"吴军已获全胜,此时又怎会答应讲和呢?"文种说:"吴国的太宰伯嚭是个贪财好色之徒。只需以重金和美女贿赂于他,求和就大有希望。吴王夫差十分宠信伯嚭,对他言听计从,只要他出面向吴王夫差说几句好话,求和之事,不怕夫差不同意。"

果然,伯嚭收下了美女和珠宝后,便向夫差建议与越国的讲和。夫差终未能抗拒住伯嚭的花言巧语,同意了越国的求和,但提出要越王勾践夫妇入吴国做人质。勾践无奈,为求生存,更为了日后的复国大计,只好顺从夫差之意,放下国君的架子,带着夫人和大臣范蠡,来到吴国。

入吴以后,勾践将所带珠宝全部送给了夫差及吴国大臣,自己住的是低矮石屋,吃的是糠皮野菜,穿的是难以遮体的粗布衣裳,每天勤勤恳恳地打柴、洗衣、养猪,如奴隶一般,毫无怨言。

每隔一段时间,夫差都要亲自巡视,当他看到勾践一直如此,顾忌之心便逐渐淡化,认为困苦和劳作已经将他们折磨得麻木不仁,不足以谨慎提防。

勾践在困于吴国的两余年中,一直忍辱负重,又不断令人贿赂伯嚭。而伯嚭在每次收到越国礼物后,都要去夫差面前为勾践说情。日久天长,夫差便也萌生了释放之心。一次,在伯嚭为勾践讲情时,夫差便透露出欲放勾践回国的想法,但此念头被伍子胥一番激词挡了回去。

某日,勾践闻夫差身体有恙,便向伯嚭请求探望,伯嚭奏请夫差，获准。于是，伯嚭带着勾践来到夫差病榻前。勾践一见夫差，当即伏地而跪，说道："闻大王贵体微恙，不胜焦虑，特奏请前来探望。我略通医术，可为大王诊病，望能得大王允许，以表效忠之心。"

这时，恰逢夫差要大便，勾践等人退出屋外。再次返还时，勾践拿起夫差的粪便，仔细品味。尝后，勾践伏地称贺："大王即将痊愈！我尝大王粪便乃是苦味，这是病情好转的预兆。"

夫差见勾践对自己如此忠心，大受感动，当即表示，病好后就送勾践回国。

勾践回国以后，一方面送出西施等美女迷惑夫差，一方面励精图治、重整旗鼓。他为不忘吴国之耻，夜卧柴薪，吃饭时必先尝苦胆。他与大臣亲自耕作，夫人则亲自纺纱织布。在这种激励下，越国迅速恢复元气，勾践终于重振雄风大败夫差，雪了前愁旧恨。

倘若勾践没有超人的毅力和忍心，就不可能挺过那屈辱的三年，倘若他没有向夫差示之以弱、恭谦谨慎，就不会得到夫差的信任，那么不仅复国无望，甚至连性命也未必能够保全。

人之一生，免不了磕磕绊绊，但愿望一定要长留心中，这是催人奋进的动力所在。为了愿望的实现，或者说为了生存，我们就一定要忍。忍辱负重固然苦，但若没有今日的"卧薪尝胆"，又哪来他朝的一鸣惊人？

忍，就要对这种精神有一个正确的认识，不要以为忍就是懦弱，这只是一种表象。忍人所不能忍，俨然已经在精神和气度上胜人一筹，这才是一种真正的强悍。

忍，最重要的就是克制，为顾全大局而克制一时之欲，不在小事上与人斤斤计较，以免因小失大。

当然，忍也不是毫无原则地逆来顺受，当某些人、某些事触犯到我们做人的原则或是民族大义，那么，我们则无须再忍。

总而言之，人生不如意事十之八九，必要的时候，我们需要学会委曲求全，能忍一时之苦，一时之辱，方能令我们脱离被动的局面。同时，这也是一种对于意志、毅力的磨炼，为我们日后"扶摇直上九万里"打造正常情况下所不能获得的资本。

请大家记住：忍耐绝不是消极的不抵抗，在沉默中悄然降下信念的风帆，在颠沛流离中任人宰割。忍耐是一种磨炼，更是一种积蓄。当形势不利于你我之时，唯有在忍耐中承受，在忍耐中发奋，在忍耐中积累，才能铸造我们生命的辉煌。

将浮躁转化为平静

人面对着外界的混乱干扰，心情怎么能够承受得了？

那么，该如何办？保持心情的宁静。只要稍微宁静下来，你眼前的一切就会是完全不同的情形。

让我们试着用平和宁静的心情来看待那些曾让我们心烦意乱的外界干扰。

世界就是这样，每天都会有很多坏消息、坏事报道出来，说明人们已经有了警觉。如果自己无力改变，相信会有人去改变，自己以后当心一点儿就是了。

魏晋时有一个人，特别容易着急发怒，这人叫王蓝田。一次他吃煮鸡蛋，用筷子夹，夹不住，于是就大怒，拿起鸡蛋扔到地上。鸡蛋未破，在地上打转。王蓝田更生气了，干脆用穿的木屐去碾鸡蛋，鸡蛋又滚一边了。这位老兄简直要气死了，眼睛都瞪炸了。他一把捡起鸡蛋，放到嘴里狠狠咬破了，又吐出来。

这可能是个极端的事例，但我们在平日里不也经常为鸡毛蒜皮的小事而破坏了我们的平静心情和平静生活吗？因为外界的干扰而打乱我们的心境，会影响我们的身心快乐，也会打乱正常的生活节奏。

不要因外界的纷纷扰扰而自乱阵脚，乱了自己生活的步子，更不要心生烦躁、忧虑、焦灼，要保持心情的宁静。而要保持平静心态，就要学会去注意我们的感觉，注意我们生命的质量，注意人生中最重要的事情，这就是快乐、健康、实现自己的美好理想。我们停止担忧那些不重要的事情，比如衣服不太合身，交通又堵塞了，有人好像对自己不友好，这次提升又没有我，别人买了汽车而自己还没有，等等。我们还要学会不要昧于事理，让生活失去了平衡，就是说，不要让学习和工作上的压力影响我们的正常生活。

美国《读者文摘》中有篇文章讲了这么几个事例：布鲁斯是一名医生，他的病人都是患了心脏病的孩子，其中有些急需移植心脏，却迟迟得不到合适的心脏。他的工作中也有不如意的事，比如病人死了。当他回到家里后，妻子会问问他工作上的事，他会说说。然后，夫妇俩就会去找自己的两个小儿子，抱着他们或给他们讲故事。

第九章 走向成熟：没有理智的人决不会有理性的生活

安娜·威尔德是一个急难者辅导中心的义工，负责接听电话。打电话的人往往扬言要开枪或自杀，接着会突然挂断电话。辅导员如果是新手，在以后的几天里多半会拼命翻报纸，很担心看到那个来电话的人自杀的消息。但资深的辅导员一般不会这么做。威尔德如果某天工作不愉快，下班后便回家去精心做一顿晚餐。她说："我切肉，剁肉，晚餐色香味俱全，给我补充体力，让我第二天可以再好好工作。"文章说："有些人成天都在辅导强奸案受害者、在谋杀案现场调查或潜到水下搜集飞机残骸，却还有精力在星期天下午为高中足球队摇旗呐喊。如此困难的事，他们是怎样做到的呢？如果问有何诀窍，他们说因为'明白事理'。"

这个"事理"我们应该这样理解：世间的事并非我们所能控制或是只要努力就能做好的，有许多事我们只能尽到本分，仅此而已。正所谓"谋事在人，成事在天"，明白了这一点，我们就不会因遭遇外界的压力和痛苦而使自己变得郁郁寡欢或烦躁不安。对人世间的痛苦我们都会产生同情，这是正常的合乎人性的反应。但我们也要与它保持适当的距离，只有这样，才是处理痛苦的妙方，也是让自己能继续把工作做好的唯一方法。

要保持宁静的心态，可以在遇到烦心的事时有意识地改变一下想法。比如在乘公共汽车时碰到交通堵塞，一般人会焦躁不安，但你可以想："这正好使自己有机会看看街道，换换脑子。"如果朋友失约没来找你玩，你也不必心生烦闷，你可以想："不来也没关系，正好自己看看书。"这样转换想法，就可以使烦躁的心境变得平和起来。

诸葛亮有句名言：非淡泊无以明志，非宁静无以致远。能在一切环境中保持宁静心态的人，定然是具有高度修养的，他也就是一个快乐的人，也是能成就大事业的人。他能冷静地应对世事的千变万化，永远不迷失自己的目标。我们要努力培养自己的抗干扰能力。"任凭风浪起，稳坐钓鱼台"。这个"台"，就是宁静的心灵。

克制坏脾气，营造好性格

　　生活不可能平静如水，人生也不会事事如意，人的感情出现某些波动也是很自然的事情。可有些人往往遇到一点不顺心的事便火冒三丈，怒不可遏，乱发脾气。结果非但不利于解决问题，反而会伤了感情，弄僵关系，使原本已不如意的事更加雪上加霜。与此同时，生气产生的不良情绪还会严重损害身心健康。

　　美国生理学家爱尔马通过实验得出了一个结论：如果一个人生气10分钟，其所耗费的精力，不亚于参加一次3000米的赛跑；人生气时，很难保持心理平衡，同时体内还会分泌出带有毒素的物质，对健康十分不利。

　　虽然人人都有不易控制自己情绪的弱点，但人并非注定要成为自己情绪的奴隶或喜怒无常性格的牺牲品。当一个人履行他作为人的职责，或执行他的人生计划时，并非要受制于他自己的情绪。要相信人类生来就要主宰、就要统治，生来就要成为他自己和他所处

第九章　走向成熟：没有理智的人决不会有理性的生活

环境的主人。一个性格受到良好调控的人，完全能迅速地驱散自己心头的阴云。但是，困扰我们大多数人的却是，当出现一束可以驱散我们心头阴云的心灵之光时，我们却紧闭着心灵的大门，试图通过全力围剿的方式驱除心头的情绪阴云，而非打开心灵的大门让快乐、希望、通达的阳光照射进来，这真是大错特错。

我们是情绪的主人，而不是情绪的奴隶。

著名专栏作家哈理斯和朋友在报摊上买报纸时，那朋友礼貌地对报贩说了声"谢谢"，但报贩却冷口冷脸，没发一言。"这家伙态度很差，是不是？"他们继续前行时，哈理斯问道。"他每天晚上都是这样的。"朋友说。"那么你为什么还是对他那么客气？"哈理斯问他。朋友答道："为什么我要让他决定我的行为？"

一个成熟的人握住自己快乐的钥匙，他不期待别人使他快乐，反而能将快乐与幸福带给别人。每人心中都有把"快乐的钥匙"，但乱发脾气的人却常在不知不觉中把它交给别人掌管。我们常常为了一些鸡毛蒜皮的事情或者无伤大雅的事情而大动肝火，当我们对着他人充满愤怒地咆哮着的时候，我们的情绪就在被对方牵引着滑向失控的深渊。

想想我们的坏脾气给自己的生活带来了多么大的麻烦吧！当你用一张死板的面孔面对自己的同事和下属的时候，当你用不耐烦的口气挂断父母的电话的时候，当你回到家对自己的家人大吵大嚷的时候，他们都将会以怎样的心情承担坏脾气带来的不良氛围呢？如果长此以往下去，你一定会变成一个不受欢迎，被别人敬而远之的人。因为别人也是人，别人也同样有自己的脾气，没有人能够永远地去包容你的坏脾气，更不会有人能长时间地去容忍因为你的坏性格给自己带来的麻烦。所以，我们应该努力管理好自己的情绪，以豁达开朗、积极乐观的健康性格去工作、去生活，而不是让急躁、消极等不良性格影响到我们自己和你身边那些最爱的人。我们不要让自己的情绪影响自己的心情，更不要让自己的坏脾气影响到别人的心情。毫无疑问，我们应该成为自己情绪的主人，这样才能营造一个健康快乐的人生。

　　首先，增强你的理智感。也就是说，我们在遇到事情的时候要多思考，多想想前因后果，多替别人考虑考虑。不管你有理也好、无理也罢，都别太较真，放宽心去看事情，谨慎地做处理。一旦发现自己有冲动苗头，务必要及时克制。那些即将脱口而出的愤怒之言，我们最好让它在舌头上打几个圈，通过这种缓冲，让自己沸腾的血液冷静下来。我们不妨就这样，在即将爆发的时候，心里默念"冲动是魔鬼，谁碰谁后悔"，告诫自己"冷静、冷静、三思、三思"。这在很大程度上能够帮助我们控制自己的情绪，增强大脑的理智思维。

　　再者，当我们发现自己情绪沸腾之时，为了避免它喷涌而出，不妨下意识地转移话题或者找点别的事情来做，借此分散自己的注意力，将精神头转移到其他活动上，让紧张的情绪松弛下来。譬如说，我们可以迅速离开那个让你恼火的地方，寻找一个能让人感染到欢乐的处所；我们也可以去找之心的朋友谈谈心、散散步。就算大家都忙，你也可以一个人出去走走，通过这种冷却，我们盛怒的情绪就会得到缓解，心情便会慢慢平静下来。

　　我们还可以这样，可以找来一个日记本，在上面专门记载每一次发脾气的原因和经过，平时拿出来翻看一下，通过记录和回忆，在思想上进行分析梳理，这样我们一定会发现，其实很多时候我们脾气发得是毫无价值的。如果你是个有良好是非观的人，你应该就会为自己的愚蠢感到很羞愧，有了这种心理暗示，相信你以后怒气发作的次数就会越来越少。

另外再给大家提个建议：如若可以的话，我们平时不妨多听听节奏缓慢、旋律轻柔、音调优雅、优美轻松的音乐，这对于安定情绪，改变暴躁脾气而言，也是相当有帮助的。

总而言之大家要认识到，人类的美不仅仅体现在外表，还体现在我们的修养上。如果你始终无法克制自己的坏脾气，它很有可能在你人生最关键的时候给你带来毁灭性的影响。毫无疑问，我们应该是最了解自己的那个人，无须过多的劝解，无须过多的证明，相信你一定知道，克制自己的坏脾气对于人生的意义是多么重要。